Alluxio

大数据统一存储原理与实践

范斌　顾荣 / 著

电子工业出版社·
Publishing House of Electronics Industry
北京·BEIJING

内 容 简 介

Alluxio 这一以内存为中心的分布式虚拟文件系统，最初诞生于加州大学伯克利分校的 AMPLab，其开源社区在目前大数据生态系统中发展很快。本书以广泛使用的 Alluxio 1.8.1 版本为基础进行编写，是一本全面介绍 Alluxio 相关技术原理与实践案例的书籍。本书主要内容包括 Alluxio 系统快速入门、Alluxio 系统架构及读写工作机制、Alluxio 与底层存储系统的集成、Alluxio 与上层计算框架的集成、Alluxio 基本功能和高级功能的介绍与使用。此外，本书还详细介绍了 Alluxio 的应用案例与生产实践，并详细解读了 Alluxio 的核心框架和技术应用，旨在为大数据从业人员和大数据存储技术爱好者提供一个深入学习的平台，也可用作开源社区开发者指南。

图书在版编目（CIP）数据

Alluxio：大数据统一存储原理与实践 / 范斌，顾荣著.—北京：电子工业出版社，2019.8

ISBN 978-7-121-36782-3

Ⅰ．①A… Ⅱ．①范… ②顾… Ⅲ．①分布式数据处理 Ⅳ．①TP274

中国版本图书馆 CIP 数据核字（2019）第 108352 号

责任编辑：张春雨   特约编辑：田学清
印　　刷：三河市鑫金马印装有限公司
装　　订：三河市鑫金马印装有限公司
出版发行：电子工业出版社
　　　　　北京市海淀区万寿路 173 信箱　　　　邮编：100036
开　　本：787×980   1/16   印张：13.75   字数：242 千字
版　　次：2019 年 8 月第 1 版
印　　次：2019 年 8 月第 1 次印刷
定　　价：79.00 元

凡所购买电子工业出版社图书有缺损问题，请向购买书店调换。若书店售缺，请与本社发行部联系，联系及邮购电话：（010）88254888，88258888。

质量投诉请发邮件至 zlts@phei.com.cn，盗版侵权举报请发邮件至 dbqq@phei.com.cn。

本书咨询联系方式：010-51260888-819，faq@phei.com.cn。

推荐序一

如今的世界步入了一个数据革命的时代。随着互联网、人工智能、移动计算、自动驾驶、物联网等新技术的不断进步，人们生成、采集、管理和分析的数据规模正在呈指数级增长，存储和处理这些大规模数据促使人们不断地实现技术的进步，并为人们带来了难以想象的技术革命的重大机遇。在过去的十年中，我们看到了数据处理的技术栈领域产生了很多重要的技术革新。例如，在数据应用层，从最初的MapReduce 框架，衍生出了很多不同的通用化和专用化的系统，如通用数据处理平台 Apache Spark，流式计算系统 Apache Flink、Apache Samza，深度学习系统TensorFlow、Apache Mahout，图计算系统 GraphLab、GraphX，查询系统 Presto、Apache Hive、Apache Drill，等等。类似地，整个生态系统的存储层也从 Hadoop 分布式文件系统 HDFS 发展并增加了更多的可选项。例如，文件系统、对象存储（Object Store）系统、二进制大对象存储（BLOB Store）系统、键-值对存储（Key-Value Store）系统、NoSQL 数据库等。这些不同类型的系统实现了对性能、速度、成本、易用性、架构等设计上不同的权衡。

随着技术栈复杂程度的不断增加，数据产业的发展也面临更多的机遇和更大的挑战。数据被存储在不同的存储系统中，这使用户和上层数据应用很难高效地发现、访问和使用这些数据。例如，对于系统开发人员而言，需要开展更多的工作以将一个新的计算或存储部件集成到现有的生态系统中；对于应用开发人员而言，高效地访问不同数据存储系统的方式变得更加复杂；对于终端用户而言，从远程的数据存储系统中访问数据，容易导致性能的损失和语义的不一致；对于系统管理员而言，当底层物理存储和上层所有应用都深度耦合时，添加、删除、升级一个现有计算系统或数据系统，抑或将数据从一个存储系统迁移到另一个存储系统，是非常具有挑战性的。

Alluxio 作为全球首创的分布式虚拟文件系统（Virtual Distributed File System），就在上述背景下应运而生。它统一了数据访问的方式，为上层计算框架和底层存储系统构建了桥梁，使应用可以通过 Alluxio 提供的统一数据访问方式访问底层任意存储系统中的数据。在大数据生态系统中，Alluxio 位于上层大数据计算框架和底层分布式存储系统之间，运行在上层的大数据计算框架可以忽略底层分布式存储系统的细节，直接和 Alluxio 进行交互，Alluxio 透明地将上层大数据框架的数据访问请求转发到底层分布式存储系统中，并将底层多个分布式存储系统中的数据自动缓存到 Alluxio 中，从而提升某些上层大数据计算框架的数据访问速度的数量级。Alluxio（前身 Tachyon）系统曾是我在加州大学伯克利分校 AMPLab 的博士研究课题，并在 2012 年年末完成了该系统的第一个版本，于 2013 年 4 月正式开源，2015 年项目更名为 Alluxio。

自 2013 年 4 月 Alluxio 开源以来，已有超过 200 个机构、1000 多位贡献者参与到 Alluxio 系统的开发中，其中包括阿里巴巴、百度、卡内基梅隆大学、谷歌、IBM、英特尔、加州大学伯克利分校、腾讯、京东、雅虎等大学、科研院所和企业。到今天为止，上百家公司的生产线中已经部署了 Alluxio，其中有的集群已经超过了 1000 个节点。随着 Alluxio 开源项目的快速发展和应用需求的日益旺盛，我们于 2015 年创立了 Alluxio 公司，并且获得 Andreessen Horowitz、Mark Leslie（Veritas Founding CEO）、Jack Xu（网易、新浪前 CTO）、Sujal Patel（Isilon 创始人）等人的投资。未来，我们将立志于让 Alluxio 成为大数据及其他水平扩展应用的事实上的统一数据层。

我很高兴看到，这本系统、深入介绍 Alluxio 项目技术原理和应用实践的书籍即将付梓。本书的两位作者范斌博士和顾荣博士是分布式系统领域的专家，也是 Alluxio 项目管理委员会的成员和源码的维护者。其中，范斌博士于 2015 年从谷歌离职之后全身心致力于 Alluxio 开源项目的技术架构、开发与推广，目前在 Alluxio 社区代码贡献排名中排第二位。顾荣博士从 2013 年就开始向 Alluxio 社区贡献源代码，此后他在南京大学 PASA 大数据实验室担任助理教授，继续从事大数据系统方面的研究，在 Alluxio 上开展了很多有意义的研究工作，并且一直努力推动 Alluxio 社区在国内的发展。范斌和顾荣在 Alluxio 社区方面都是非常著名的技术专家，为 Alluxio 开源社区的发展做出了重要贡献。相信他们完成的这本著作能够很好地帮助需要学习 Alluxio 技术的广大读者。最后，我也要特别感谢一直对 Alluxio 开源项目给予关心与支持的朋友们，我们将一如既往地努力投入，在不断完善 Alluxio 软件的同时，让我们开源社区的运转更加高效，期待后续创作出更多高质量的文章和书籍，以飨读者。

李浩源

Alluxio 开源项目主席、Alluxio 公司创始人、董事长兼 CTO

2019 年 4 月，于美国硅谷

推荐序二

The big data revolution is changing how every industry operates. Organizations and companies are leveraging tremendous amounts of data to create value. For example, Internet companies use data to provide better targeted advertisements and user experiences. Financial institutions process data to detect potential fraud in real time. Manufacturing powerhouses study data to track, understand, and design locomotive and airplane engines better. Autonomous cars depend on data to function and to ensure the safety of passengers. People use data to make decisions or facilitate the decision-making process in some way.

The big data revolution has brought a lot of challenges and opportunities in distributed computer systems. There are significant innovations in distributed computation frameworks, such as Hadoop and Spark, and distributed storage systems, such as HDFS and Alluxio. The large-scale data processing stack has been reshaped by the big data ecosystem. In the big data ecosystem, organizations usually rely on multiple storage systems and computation frameworks in their data processing pipelines. This brings the significant challenges in data sharing and management, performance and flexibility.

To address these challenges, the Alluxio project proposes an architecture with Virtual

Distributed File System (VDFS) as a data unification layer between the computing layer and the storage layer. A data unification layer brings significant value into the ecosystem. It can improve data accessibility, performance, and data management, but also the convenience to plug future systems into the ecosystem, therefore making it easier and quicker for the industry to adopt innovations.

Alluxio is an open-source project started at UC Berkeley AMPLab in December 2012. In the over six years of development, this project has grown to be an important part in the big data ecosystem. Alluxio has been deployed at hundreds of leading companies in production, serving critical workloads. Its open-source community has attracted more than 900 contributors worldwide from over 200 companies. I am very glad to see this book to be published. The authors of this book——Bin Fan and Rong Gu are both Alluxio experts. They were also Alluxio topic speakers in the past Strata + Hadoop World conferences. I believe their Alluxio book will be very helpful to the Alluxio users and developers!

Ben Lorica
Chief Data Scientist at O'Reilly Media
Chair of Strata Data, and the Artificial Intelligence Conference

前　言

　　随着计算机和信息技术的迅猛发展和普及应用，行业数据呈爆炸式增长，全球已经进入了"大数据"时代。大数据给全球带来了重大的发展机遇，大规模数据资源蕴含着巨大的社会价值和商业价值，有效地管理这些数据，挖掘数据的深度价值，对国家治理、社会管理、企业决策和个人生活将带来巨大的影响。然而，大规模数据资源给人们带来新的发展机遇的同时，也带来很多新的技术挑战。格式多样、形态复杂、规模庞大的行业大数据给传统的计算技术带来了很多技术困难。传统的数据库等信息处理技术已经难以有效应对大规模数据的处理需求。大数据广泛且强烈的应用需求极大地推动了大数据技术的快速发展，促进了大数据处理相关的基础理论方法、关键技术及系统平台的长足发展。

　　大数据处理的第一个基本问题是，如何有效地存储和管理海量的大数据。大数据存储管理是进行后续大数据计算分析和提供大数据应用服务的重要基础。分布式存储是目前公认并有效的大数据存储管理方法，在大数据系统中处于基础地位，在行业大数据应用中发挥着重要的作用。本书将介绍近些年来在大数据存储领域发展得如火如荼的分布式存储系统 Alluxio。Alluxio 是全球首创的以内存为中心（Memory-Centric）的分布式虚拟文件系统，已在全球数百个公司部署应用，并在超过 1000 个节点的集群上运行。

　　本书以广泛使用的 Alluxio 1.8.1 版本为基础进行编写，全面介绍了 Alluxio 的相关技术原理与实践案例，以及 Alluxio 的核心原理和架构技术。本书从概念和原理上对 Alluxio 的核心框架和相关技术应用进行了详细解读，并介绍了 Alluxio 技术在互联网公司的使用案例，以及就如何向开源社区贡献源代码进行了简要介绍，具有较好的前沿性和一定的国际视野。

本书目的

Alluxio 项目自 2013 年开源以来得到了长足的发展，贡献者和用户数量不断增多。但是放眼国内，很少有完整、系统地介绍 Alluxio 相关技术使用原理和实践应用案例的书籍。本书的两位作者均为 Alluxio 项目管理委员会成员和源码维护者，在社区的日常工作中经常需要回答很多关于 Alluxio 的技术问题，他们发现用户很多时候苦于没有完整的 Alluxio 中文学习资料。因此，他们决定一起写一本关于 Alluxio 的书籍，为大数据从业人员和大数据存储技术爱好者提供一个深入学习的平台，帮助 Alluxio 的用户能够更加全面和透彻地了解 Alluxio 的基本原理，从而更加容易地使用 Alluxio。

内容快览

全书一共分为 8 章，各章的内容简介如下。

第 1 章 Alluxio 系统快速入门：本章介绍了 Alluxio 项目的背景，包括系统功能简介、项目发展历史；还介绍了 Alluxio 软件的获取或编译方式，以及搭建部署流程。

第 2 章 Alluxio 系统架构及读写工作机制：本章阐述了 Alluxio 的系统架构与功能组件，并介绍了 Alluxio 内部的读数据和写数据的工作运行原理，使读者对 Alluxio 的总体架构和运行流程有一定的认识。

第 3 章 Alluxio 与底层存储系统的集成：本章介绍了 Alluxio 与当前主流的分布式存储系统进行集成的方法，这些底层存储系统具体包括 HDFS、Secure HDFS、AWS S3、Google GCS、Azure BLOB Store。

第 4 章 Alluxio 与上层计算框架的集成：本章首先介绍了 Alluxio 提供给管理员和用户的命令行及其含义，然后阐述了 Alluxio 与主流的上层大数据计算框架进行对接集成的方法。上层计算框架包括 Hadoop MapReduce、Spark、Hive、Presto、TensorFlow。

第 5 章 Alluxio 基本功能的介绍与使用：本章介绍了 Alluxio 提供给用户的基本配置与管理功能，包括 Alluxio 系统环境与属性的配置、Alluxio 底层文件系统的配置与管理、Alluxio 缓存资源的配置与管理，还介绍了 Alluxio 系统 Web 用户界面的查看与使用方法。

第 6 章 Alluxio 高级功能的介绍与使用：本章介绍了 Alluxio 提供给用户的高级功能，具体包括 Alluxio 的安全认证与权限控制、Alluxio 的内置 Metrics 系统、Alluxio 文件系统日志的使用与维护、Alluxio 系统的异常排查。

第 7 章 Alluxio 的应用案例与生产实践：本章阐述了 Alluxio 在陌陌、京东、携程、去哪儿网、百度等大型互联网公司的应用与生产实践案例。

第 8 章 Alluxio 的开源社区开发者指南：本章介绍了源代码的规范、单元测试流程及向 Alluxio 开源社区贡献源代码的具体流程。

写作分工

本书第 1 章、第 5 章、第 6 章、第 8 章由范斌完成，第 2 章、第 3 章、第 4 章由顾荣完成，第 7 章由富羽鹏、陈浩骏、毛宝龙、郭建华、徐磊、刘少山完成。

致谢

能够完成本书需要感谢很多人。首先，我们要衷心地感谢 Alluxio 开源社区的广大贡献者和用户，没有你们的支持就没有 Alluxio 项目的今天，也就没有本书的出版问世。感谢本书第 7 章的来自众多互联网公司的工程师作者，感谢你们在繁忙的工作之余撰写 Alluxio 在贵公司团队的实践应用案例。感谢为本书撰写序言的李浩源博士和 Ben Lorica，他们在百忙之中阅读了书籍的样稿并提出了很多中肯的建议。感谢南京大学 PASA 大数据实验室黄宜华教授、袁春风教授，以及实验室众多同学对于本书的主编顾荣在 Alluxio 开源项目工作上的认可与大力支持。感谢本书编辑及其他工作人员，你们认真严谨的工作为本书的出版奠定了坚实的基础。最后，感谢我们的家人，整本书籍编写周期较长，感谢你们在背后的默默支持，并且对于我们很多节假日未能陪同给予极大的理解与宽容。

由于作者水平有限，书中的疏漏和不妥之处在所难免，敬请读者批评指正，并将反馈意见发送到邮箱 gurong@nju.edu.cn 或 binfan@alluxio.com，以便我们再版时及时修正错误。

目　录

## 第1章

Alluxio 系统快速入门

本章将对 Alluxio 系统进行一个简单的介绍，为后续章节的 Alluxio 功能与实践的介绍打下基础。首先概述 Alluxio 系统并介绍 Alluxio 开源项目的发展历史。然后，介绍用户如何获取/编译 Alluxio 软件。在此基础之上，进一步阐述如何安装配置并运行 Alluxio 系统。

1.1　Alluxio 背景概述

当今世界正迈入一个新数据革命的时代。随着互联网、人工智能、移动设备、自动驾驶和物联网（IoT）的快速发展，在人类社会的生产、生活中，人、资金、商品、信息的流动都可以以数据化的方式呈现。这场数据革命正在深刻地改变着每个行业的运作方式，而有效地管理这些数据、挖掘数据的深度价值，对国家治理、社会管理、企业决策和个人生活将带来巨大的作用和影响。数据已经成为现实中很多公司业务中至关重要的一环。例如，互联网公司大量地使用数据来提供更具有说服力的广告和更好的用户体验；金融机构处理数据以实时监测潜在的欺诈风险；制造业需要跟踪、了解并深入研究数据，从而更好地设计产品；自动驾驶汽车依赖于对数据的正常运作，从而确保乘客的安全。

这样的一场变革导致我们在产生、收集、存储、管理和分析方面的数据总量呈指数级的增长。大规模数据资源给人们带来新的发展机遇的同时，也带来很多新的技术挑战。格式多样、形态复杂、规模庞大的行业大数据给传统的计算技术带来了很多技术困难。通过过去十五年工业界和学术界的先驱的实践与指引，我们见证了分布式计算引擎和分布式存储的重大创新。在数据计算层，生态系统从 MapReduce 框架开始，发展到上百个不同的通用和专用的计算系统，如 Apache Spark、Apache Hadoop MapReduce、Apache HBase、Apache Hive、Apache Flink、Presto 等。在存储层，用户可以选择 HDF，也可以选择对象存储、BLOB 存储、键-值对存储系统、NoSQL 数据库等，如 Amazon S3、OpenStack Swift、GlusterFS、HDFS、MaprFS、Ceph、NFS、OSS 等。

计算和存储层面的创新为用户提供了丰富选项的同时，也迎来了以下重大挑战。

（1）数据共享和管理：许多组织，尤其是大型企业，会同时使用多种存储系统和多种计算引擎。例如，它们会同时使用 Amazon S3、GCS、HDFS 及 EMC ECS 等系统。为了让计算框架和应用程序能高效地在各种存储系统中共享和管理孤立的数据（很多也是重复的），需要进行很多额外的工作和管理。

（2）性能：大多数存储系统都是为通用的工作负载而设计的，并且和计算系统分离部署。在这些情况下，网络和硬盘的带宽经常成为性能瓶颈。提供高 I/O 性能的计算应用程序十分具有挑战性。

（3）灵活性：随着生态系统的快速发展，在一个现有架构中部署和应用新技术会带来许多额外工作。例如，使用新的存储系统可能会导致重新编译甚至重新开发现有应用程序。

Alluxio 在此背景下应运而生。它是第一个以内存为中心的分布式虚拟存储系统。如图 1-1 所示，Alluxio 统一了数据访问的方式，在上层计算框架和底层存储系统之间架起了通道。应用只需要连接 Alluxio 即可访问存储在底层任意存储系统中的数据。在大数据生态系统中，Alluxio 介于计算框架和持久化存储系统之间，为这些新型大数据应用于传统存储系统建立了桥梁。

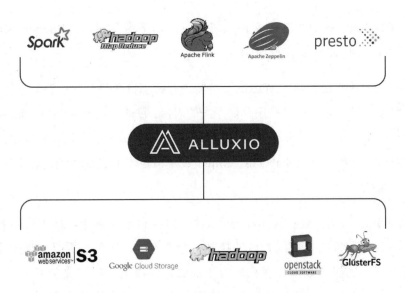

图 1-1　Alluxio 在大数据生态系统中的位置

Alluxio 为大数据软件栈带来了显著的性能提升，其以内存为中心的架构能够使现有方案的数据访问速度提升几个数量级。例如，去哪儿网基于 Alluxio 进行实时大数据分析（见 7.4 节）；百度采用 Alluxio 将自己的数据分析流水线的吞吐量提升了30 倍（见 7.5 节）；巴克莱银行使用 Alluxio 将自己的作业分析的耗时从小时级降到秒级[①]。

---

① https://www.alluxio.io/resources/making-the-impossible-possible-with-alluxio-accelerate-spark-jobs-from-hours-to-seconds。

1.1.1　Alluxio 系统功能简介

Alluxio 大数据存储系统的功能简介总结如下。

（1）灵活的文件 API：Alluxio 的本地 API，例如，`java.io.File`，提供了 InputStream 和 OutputStream 的接口及对内存映射 I/O 的高效支持。我们推荐用户使用这套 API 以获得 Alluxio 的完整功能及最佳性能。

（2）兼容 Hadoop HDFS 的文件系统接口：基于这套接口，Hadoop MapReduce 和 Spark 可以使用 Alluxio 代替 HDFS。

（3）可插拔的底层存储：Alluxio 支持将内存数据持久化到底层存储系统。Alluxio 提供了通用接口以简化和不同底层存储系统的对接。目前，Alluxio 支持 Microsoft Azure BLOB Store、Amazon S3、Google Cloud Storage、OpenStack Swift、GlusterFS、HDFS、MaprFS、Ceph、NFS、Alibaba OSS、Minio 及单节点本地文件系统，后续也会支持更多其他存储系统。

（4）Alluxio 层级存储：Alluxio 可以管理内存和本地存储，如 SSD、HDD，以加速数据访问。如果需要更细粒度的控制，分层存储功能可以用于自动化管理不同层之间的数据，确保热数据保存在速度更快的存储层上。自定义策略可以方便地应用 Alluxio，而且 pin（钉住）的概念允许用户显式地控制数据的存放位置。

（5）统一命名空间：Alluxio 可以通过挂载功能实现不同存储系统之间的高效数据管理。而且，透明命名机制在持久化存储对象到底层存储系统时可以保留存储对象的文件名和目录层次结构。

（6）Web UI：用户可以通过 Web UI 浏览文件系统。在调试模式下，管理员还可以查看每一个文件的详细信息，包括存放位置、检查点路径等。

（7）命令行：用户可以通过 `./bin/alluxio fs` 与 Alluxio 进行交互，例如，将数据从文件系统拷入、拷出。

1.1.2　Alluxio 项目发展历史

Alluxio 的前身是一个名为 Tachyon 的研究项目，此项目诞生于加州大学伯克利分校 AMLab。Tachyon 是 2012 年李浩源在攻读博士学位期间的课题[①]，也是伯克利数据分析栈（BDAS）的存储层。当时 AMPLab 的另外两个大数据开源项目 Apache Spark 和 Apache Mesos 已经有了一定积累并蓬勃发展。Spark 和 Mesos 在 BDAS 中分别位于计算和资源管理的位置，然而当时 BDAS 中并没有数据存储对应的组件。李浩源与 AMPLab 的研究者们便一起开始调研如何在不同应用之间实现内存级的数据共享。

早期的 Tachyon 能够帮助管理 Spark 的 off-heap 数据块，从而实现在不同的 Spark 应用之间快速地共享 RDD（Resilient Distributed Datasets，弹性分布式数据集）。在之后的发展中，Tachyon 很快演变成了一个以内存为中心的分布式文件系统。它不仅可以和 Spark 无缝整合，还为其他计算系统提供了接口。上层应用无须重新编译，就可以访问存储在底层任意存储系统中的数据。另外，以内存为中心的架构使数据的访问速度比现有方案快几个数量级。

2012 年的冬季，李浩源完成了 Tachyon 的第一个版本，2013 年 4 月正式开源，2015 年项目更名为 Alluxio。自 2013 年 4 月开源以来，已有超过 200 个组织机构、1000 多位贡献者[②]参与到 Alluxio 的开发中，其中包括阿里巴巴、Alluxio、百度、卡内基梅隆大学、谷歌、IBM、英特尔、南京大学、红帽、加州大学伯克利分校和雅虎。Alluxio 处于 BDAS 的存储层，也是 Fedora 发行版的一部分。目前，Alluxio 已经在超过 100 家公司的生产中进行了部署，并且在超过 1000 个节点的集群上运行着。

随着 Alluxio 开源项目的快速发展和应用需求的日益旺盛，2015 年 Alluxio 公司成立了，并收到了来自 Andreessen Horowitz 750 万美元的投资，这笔投资不仅是对 Allluxio 项目的资金支持，也是为了实现一个愿景：让 Alluxio 成为大数据及相关业务水平扩展应用的事实上的统一数据层。

---

① 博士论文：Alluxio: A Virtual Distributed File System（https://www2.eecs.berkeley.edu/Pubs/TechRpts/2018/EECS-2018-29.html）。

② 数据统计时间为 2019 年 4 月 1 日。

1.2 获取/编译 Alluxio 软件

本节主要介绍获取或编译 Alluxio 软件的不同方法。

1.2.1 下载预编译的 Alluxio 可执行包

用户可以选择在 Alluxio 官网[①]直接下载预编译好的 Alluxio 可执行程序包。具体地，用户可以指定下载所需 Hadoop 版本依赖的 Alluxio 可执行程序包。本书示例中使用的 Alluxio 版本默认为 1.8.1。

```
$ tar -xzf alluxio-1.8.1-bin.tar.gz
```

对于安装了 homebrew[②] 工具的 Mac OS 用户，也可以选择使用 brew 在本地安装 Alluxio。

```
$ brew install alluxio
```

安装完可执行程序包之后，用户便可以参照 1.3 节开始尝试运行 Alluxio。

1.2.2 编译 Alluxio 源代码

除直接下载可执行程序包外，用户还可以选择下载 Alluxio 源代码并自行将其编译成可执行文件。

---

① https://www.alluxio.io/download。

② https://brew.sh/。

1.2.2.1　编译准备工作

编译 Alluxio 源代码的前提条件是用户已经安装 Java SE Development Kit 8（简称 JDK 8）或以上版本，Maven 3.3.9 或以上版本，以及 Git。

1. 安装 JDK

如果不确定系统上已安装的 Java 版本，可以执行以下命令进行查看：

```
$ java -version
java version "1.8.0_144"
Java(TM) SE Runtime Environment (build 1.8.0_144-b01)
Java HotSpot(TM) 64-Bit Server VM (build 25.144-b01, mixed mode)
```

如果你还未安装 Java 或版本不满足要求，请安装 JDK 8。在 Mac OS X 上安装 JDK 可以参考如下步骤。

（1）从 Java 官方网站[①]下载 JDK 8 或以上版本。

（2）从浏览器的下载窗口或文件浏览器中双击.dmg 文件将它启动。

（3）查找窗口中名为.pkg 的文件，双击安装包图标启动安装程序。

（4）安装程序会弹出 Introduction 窗口，单击"Continue"按钮。

（5）弹出 Installation Type 窗口，单击"Install"按钮。

（6）窗口会显示"Installer is trying to install new software. Type your password to allow this."，以管理员身份登录并输入密码，然后单击"Install Software"按钮。

（7）软件安装完成后会弹出一个确认窗口。可以单击"ReadMe"按钮获取更多的安装信息。

---

① http://www.oracle.com/technetwork/java/javase/downloads/index.htm。

在 Linux 上安装 JDK 可以参考如下步骤。

（1）从 Java 官方网站下载 Java JDK 8 或以上版本。

（2）将目录切换到 JDK 将要安装的位置，将.tar.gz 压缩包移动到当前目录。

（3）将压缩包解压，安装 JDK，命令如下：

```
$ tar zxvf jdk-8u<version>-linux-x64.tar.gz
```

Java 开发工具包被安装到当前目录名为 `jdk1.8.0_<version>`的目录下面。如果想节省磁盘空间，安装完成后可以删除.tar.gz 文件。

2. 安装 Maven

Alluxio 源代码使用 Maven 3.3.9 以上的版本来管理 Java 项目及编译代码，如果不确定系统上是否已安装正确版本的 Maven，可以执行以下命令进行查看：

```
$ mvn --version
Java HotSpot(TM) 64-Bit Server VM warning: ignoring option MaxPermSize=512m;
support was removed in 8.0
Apache  Maven  3.5.2  (138edd61fd100ec658bfa2d307c43b76940a5d7d;  2017-10-
18T00:58:13-07:00)
```

如果你使用的是基于 Debian 的 Linux 发行版，如 Debian 或 Ubuntu，请尝试使用 `apt` 命令安装 Maven：

```
$ sudo apt-get install maven
```

如果你使用的是基于 Red Hat 的 Linux 发行版，如 Red Hat 或 CentOS，请尝试使用 `yum` 命令安装 Maven：

```
$ sudo yum install maven
```

如果你使用的是 Mac OS X，可以选择通过 Homebrew 执行以下命令安装 Maven：

```
$ brew install maven
```

3. 安装 Git

如果你使用的是基于 Debian 的 Linux 发行版，如 Debian 或 Ubuntu，请尝试使用 apt 命令安装 Git：

```
$ sudo apt-get install git-all
```

如果你使用的是基于 Red Hat 的 Linux 发行版，如 Red Hat 或 CentOS，请尝试使用 yum 命令安装 Git：

```
$ sudo yum install git
```

如果你使用的是 Mac OS X 10.9（Mavericks）或以上版本，第一次可以通过尝试从终端运行 Git 来引导安装过程，命令如下：

```
$ git --version
```

如果你尚未安装它，它将提示你安装。

1.2.2.2　下载并编译代码

首先从 GitHub 网站上下载 Alluxio 源代码：

```
$ git clone git://github.com/alluxio/alluxio.git
$ cd alluxio
```

此时，Alluxio 源代码对应 master 分支。若需要编译一个指定版本的 Alluxio，如 1.8.1 版本的 Alluxio，可以从 master 分支切换到 1.8.1 版本的标签：

```
$ git checkout v1.8.1
```

然后，使用 Maven 编译下载至本地的代码。

```
$ mvn clean install -DskipTests
```

Maven 编译环境将自动获取依赖包编译源代码，运行单元测试，并进行打包。如果你是第一次编译 Alluxio，下载依赖包可能会花费一段时间，但之后的编译过程将会便捷很多。如果 Maven 编译的时间过长，可以添加 Maven 选项来使用多线程编译并跳过一些检查，从而加速编译流程。

```
$ mvn -T 4C clean install -Dmaven.javadoc.skip=true -DskipTests
-Dlicense.skip=true -Dcheckstyle.skip=true -Dfindbugs.skip=true
```

若编译过程中出现 `java.lang.OutOfMemoryError: Java heap space` 这样的错误，可能是因为 Maven 的内存资源不足，可以在编译前执行以下命令来增加 Maven 的内存分配：

```
export MAVEN_OPTS=
    "-Xmx2g -XX:MaxPermSize=512M -XX:ReservedCodeCacheSize=512m"
```

1.3 Alluxio 的搭建部署及程序运行

本节将分别介绍单机模式、集群模式和高可用（HA）集群模式下 Alluxio 系统的搭建部署及程序运行方式。

1.3.1 单机模式

单机模式是新手初识 Alluxio 系统常用的一种部署模式。下面，我们介绍如何在单机模式下配置、运行 Alluxio 系统。

1.3.1.1 配置 Alluxio

用户可以在本地单机模式下启动 Alluxio。该模式下 Alluxio 会在本地节点启动一个 master 节点和一个 worker 节点，构建成一个简单且完整的 Alluxio 服务。

Alluxio 服务的核心配置文件是 `conf/alluxio-site.properties`。可以通过复制 Alluxio 提供的模板文件 `conf/alluxio-site.properties.template` 来创建此配置文件。

```
$ cp conf/alluxio-site.properties.template conf/alluxio-site.properties
```

接下来我们在 `conf/alluxio-site.properties` 中设置最基本的 Alluxio 选项，命令如下：

```
alluxio.master.hostname=localhost
alluxio.underfs.address=/tmp
```

这两项配置的解释如下。

（1）首先设置 `alluxio.master.hostname=localhost`。这样 Alluxio 的 master 节点地址为本地地址，使用默认的 RPC 端口（19998）和 Web UI 端口（19999）。

（2）设置底层存储为本地文件系统上的一个临时目录 `alluxio.underfs.address=/tmp`。这样所有持久化的数据会被存储在这个本地目录中。注意，这种配置底层存储为本地文件系统的方式只在单机模式的时候有意义。

1.3.1.2　格式化 Alluxio

在第一次运行 Alluxio 系统之前，用户需要格式化 Alluxio 文件系统，命令如下：

```
$ ./bin/alluxio format
```

注意，`format` 命令会创建一个不包括任何文件和目录的全新 Alluxio 文件系统。只有第一次运行 Alluxio 服务前才需要执行此命令。如果用户在已经部署好的 Alluxio 上执行格式化命令，那么之前保存在该 Alluxio 文件系统中的所有数据和元数据都会被清除。但是，对应底层存储系统中的数据不会被 `format` 命令删除或改变。

1.3.1.3　运行 Alluxio

用户输入以下命令即可启动并运行 Alluxio 文件系统：

```
$ ./bin/alluxio-start.sh local
```

为了确认 Alluxio 是否在运行，可以打开浏览器访问 http://localhost:19999 进行查看，如图 1-2 所示。

图 1-2　Alluxio 系统 Web 界面 Overview 页面

用户也可以在命令行输入 `bin/alluxio fsadmin report` 命令查看 Alluxio 服务的状态。

```
$ bin/alluxio fsadmin report
Alluxio cluster summary:
    Master Address: localhost/127.0.0.1:19998
    Web Port: 19999
    Rpc Port: 19998
    Started: 11-17-2018 10:01:48:619
    Uptime: 0 day(s), 0 hour(s), 1 minute(s), and 31 second(s)
    Version: 1.8.1
    Safe Mode: false
    Zookeeper Enabled: false
    Live Workers: 1
    Lost Workers: 0
    Total Capacity: 10.67GB
        Tier: MEM  Size: 10.67GB
```

```
Used Capacity: 0B
    Tier: MEM  Size: 0B
Free Capacity: 10.67GB
```

从网页或命令行输出中可以看出，单机模式的 Alluxio 服务有一个本地的 master 和一个（本地）worker。

在 Alluxio 进程正常运行之后，用户可以执行下面的命令测试程序：

```
$ ./bin/alluxio runTests
```

若程序正确运行，应该能看到类似下面的输出结果：

```
Passed the test!
```

最后，用户可以执行下面的命令停止运行 Alluxio：

```
$ ./bin/alluxio-stop.sh local
```

1.3.2　集群模式

集群模式是利用 Alluxio 进行大规模数据存储的一种常用部署模式。下面，我们将介绍如何在集群模式下配置、运行 Alluxio 系统。

1.3.2.1　配置 Alluxio

为了在集群上部署 Alluxio，首先要在每个节点安装 Alluxio 的可执行文件。本节假设所有节点都将 Alluxio 可执行文件安装在了本地的${ALLUXIO_HOME}目录下。

在${ALLUXIO_HOME}/conf 目录下，用户可以从模板创建 conf/alluxio-site.properties 配置文件，命令如下：

```
$ cp conf/alluxio-site.properties.template conf/alluxio-site.properties
```

然后，用户需要更新 conf/alluxio-site.properties，命令如下：

```
alluxio.master.hostname=AlluxioMaster
alluxio.underfs.address=hdfs://namenode:9000/
```

该配置的解释如下。

（1）设置 `alluxio.master.hostname` 为将要运行 Alluxio Master 的机器的主机名，这里假设 Alluxio Master 运行在一台名为 AlluxioMaster 的节点上。

（2）设置 `alluxio.underfs.address` 指向 Alluxio 的底层存储，这里底层文件系统是一个地址为 hdfs://namenode:9000/的 HDFS 集群。

假设用户将在 3 台节点上运行 Alluxio Worker，其主机名分别为 AlluxioWorker1、AlluxioWorker2、AlluxioWorker3，添加所有 AlluxioWorker 节点的地址到 `conf/ workers` 文件，代码如下：

```
AlluxioWorker1
AlluxioWorker2
AlluxioWOrker3
```

然后，将上述的配置文件的所有信息同步到 Alluxio Worker 节点。用户可以使用 Alluxio 自带的 `copyDir` 工具将上述配置复制到所有 `conf/workers` 文件所包括的 worker 节点上。

```
$ ./bin/alluxio copyDir ${ALLUXIO_HOME}/conf
```

1.3.2.2　格式化 Alluxio

和单机模式下运行一样，在第一次运行 Alluxio 系统之前，用户需要输入以下命令格式化 Alluxio 文件系统。

```
$ ./bin/alluxio format
```

注意，只有在第一次运行 Alluxio 服务前才需要执行 `format` 命令。如果用户在已部署好的 Alluxio 上运行格式化命令，那么之前保存的 Alluxio 文件系统的所有数据和元数据都会被清除。但是，对应底层存储系统中的数据不会被删除或改变。

1.3.2.3　运行 Alluxio

用户可以输入如下命令来启动并运行 Alluxio 文件系统：

```
$ ./bin/alluxio-start.sh all
```

若要确认 Alluxio 是否在运行，可以打开浏览器里访问 http://AlluxioMaster:19999
进行查看，如图 1-3 所示。

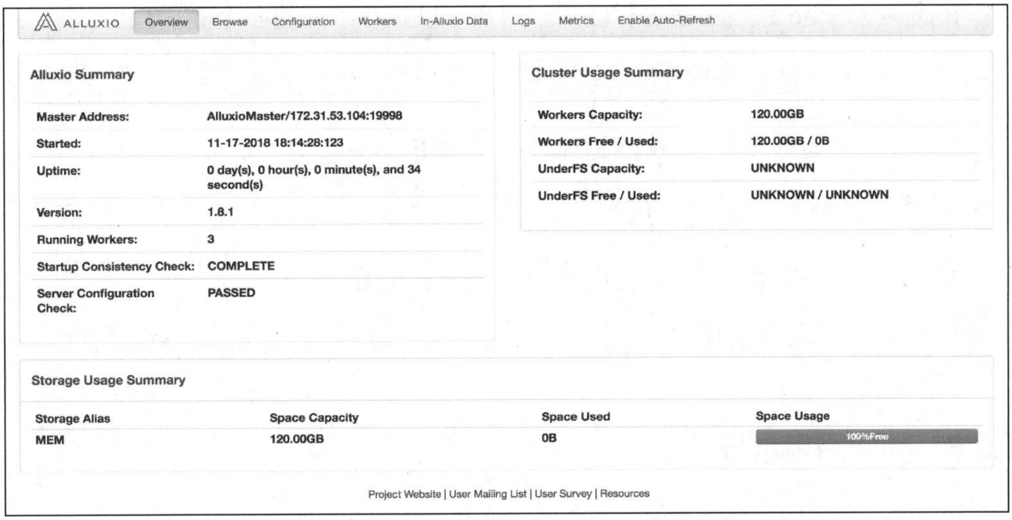

图 1-3　Alluxio 系统 Web 界面 Overview 页面

用户也可以在命令行中输入 `bin/alluxio fsadmin report` 命令查看集群
状态。

```
$ bin/alluxio fsadmin report
Alluxio cluster summary:
    Master Address: AlluxioMaster/172.31.53.104:19998
    Web Port: 19999
    Rpc Port: 19998
    Started: 11-17-2018 18:14:28:123
    Uptime: 0 day(s), 0 hour(s), 0 minute(s), and 38 second(s)
    Version: 1.8.1
    Safe Mode: false
```

```
Zookeeper Enabled: false
Live Workers: 3
Lost Workers: 0
Total Capacity: 120.00GB
    Tier: MEM  Size: 120.00GB
Used Capacity: 0B
    Tier: MEM  Size: 0B
Free Capacity: 120.00GB
```

在确认 Alluxio 系统正常运行之后，用户可以执行下面的命令测试程序：

```
$ ./bin/alluxio runTests
```

若程序正确运行，应该能看到类似下面的输出结果：

```
Passed the test!
```

最后，用户可以执行下面的命令停止运行 Alluxio：

```
$ ./bin/alluxio-stop.sh all
```

1.3.3　高可用集群模式

高可用（HA）集群模式是现实生产系统中 Alluxio 常用的一种部署模式。Alluxio 通过支持同时运行多个 master 节点来保证服务的高可用性。多个 master 中的一个会被选为 primary master，作为所有 worker 和 client 的通信首选。其余 master 则进入备用状态（standby），它们通过和 primary master 共享日志来维护同样的文件系统元数据，并在 primary master 失效时迅速接替 primary master 的工作。当 primary master 失效时，系统自动从可用的 standby master 中选举一个 master 作为新的 primary master，保证 Alluxio 服务的正常运行。这一过程通常被称为 master 节点的主从切换。注意，在切换过程中，客户端可能会出现短暂的延迟或瞬态错误。

1.3.3.1　前期准备

搭建一个高可用性的 Alluxio 集群需要做两方面的准备。

首先，运行 ZooKeeper 服务。Alluxio 通过使用 ZooKeeper 来保证 master 的高可用性。Alluxio Master 使用 ZooKeeper 实现 leader 选举，确保在任何时间最多只有一个 leader。Alluxio Client 使用 ZooKeeper 查询当前 leader 的 ID 和地址。ZooKeeper 必须单独安装，参见 ZooKeeper 快速入门[①]。在完成 ZooKeeper 部署之后，记录其地址和端口，后续配置 Alluxio 时会用到。

然后，启动一个可靠的共享日志存储系统。Alluxio 可以选择 HDFS、S3 等存储系统来存储日志。所有 master 必须能够从共享文件系统进行读写。但同一个时刻只有 leader master 会写入日志，其他所有备用 master 需要读取共享日志来重播 Alluxio 的系统状态，从而与 leader 的最新状态保持一致。在本示例中，我们假设 ZooKeeper 的服务运行于 ZookeeperHost1:2181、ZookeeperHost2:2181、ZookeeperHost3: 2181 三个节点上。

共享文件系统必须单独安装，并且需要在 Alluxio 启动之前处于运行状态。具体地，如果使用 HDFS 存储共享日志，需要记录下 HDFS 的 namenode 的地址和端口，后续配置 Alluxio 时会用到。

1.3.3.2　配置 Alluxio

当 ZooKeeper 和共享日志存储系统都正常运行后，用户需要修改每个 Alluxio Master 和 Alluxio Worker 节点 conf/alluxio-site.properties，配置好高可用的选项。其中最重要的两个步骤如下所示。

（1）设置 alluxio.zookeeper.enabled=true，指定 Alluxio 通过使用 ZooKeeper 进行 master 地址的选举来保证高可用性。该选项的默认值为 false。

（2）设置 alluxio.zookeeper.address，指定 ZooKeeper 的主机名和端口。多个 ZooKeeper 地址之间用逗号进行分隔，如下所示。

```
alluxio.zookeeper.address=ZookeeperHost1:2181,ZookeeperHost2:2181,Zookee
perHost3:2181
```

---

① http://zookeeper.apache.org/doc/r3.4.5/zookeeperStarted.html。

1. 配置 master

在每一台 Alluxio Master 节点上设置 `conf/alluxio-site.properties`，代码如下所示：

```
# ZooKeeper 相关的选项
alluxio.zookeeper.enabled=true
alluxio.zookeeper.address=ZookeeperHostnam1:2181,ZookeeperHostname2:2181,
ZookeeperHostname3:2181

# 设置本 master 地址为外部可见地址
alluxio.master.hostname=<本机的外部可见地址>

# 指定正确的共享日志存储。例如，使用 HDFS 来存放日志
alluxio.master.journal.folder=hdfs://<Namenodeserver>:<Namenodeport>/path/to/alluxio/journal
```

注意，"外部可见地址"指的是机器上配置的对 Alluxio 集群中其他节点可见的接口地址，而非 localhost 或 127.0.0.1，否则其他节点无法访问该节点。本示例中我们要分别在 AlluxioMaster-1 和 AlluxioMaster-2 上运行两个 Alluxio Master 节点，因此在 AlluxioMaster-1 的 `alluxio-site.properties` 中设置 alluxio. master. hostname=AlluxioMaster-1，而在 AlluxioMaster-2 的 `alluxio-site. properties` 中设置 alluxio.master.hostname=AlluxioMaster-2。

同时，务必在 `conf/masters` 文件中列出所有 master 的地址，以帮助启动脚本在适当的机器上启动 Alluxio 进程。所有 Alluxio Master 以这种方式配置后，都会启动用于 Alluxio 的高可用性。其中一个 master 成为 primary master，其余的重播日志直到当前 master 失效。

2. 配置 worker

在每一台 Alluxio Worker 节点上设置 `conf/alluxio-site.properties`，确保 worker 可以访问 ZooKeeper，找到当前应当连接的 leader master。因此，高可用集群模式下的 worker 无须设置 `alluxio.master.hostname` 和日志存储地址。

```
# ZooKeeper 相关的选项
alluxio.zookeeper.enabled=true
alluxio.zookeeper.address=ZookeeperHost1:2181,ZookeeperHost2:2181,Zookee
perHost3:2181
```

3. 配置 client

client 的配置和 worker 类似，只要设置以下两个选项：

```
# zookeeper 相关的选项
alluxio.zookeeper.enabled=true
alluxio.zookeeper.address=ZookeeperHost1:2181,ZookeeperHost2:2181,Zookee
perHostname3:2181
```

如果使用 HDFS API 与高可用集群模式的 Alluxio 通信，需要确保上述客户端的 ZooKeeper 配置正确。在这种模式下，使用 `alluxio://` 模式的主机名和端口可以省略。在 URL 中的所有主机名都将被忽略，相应地，`alluxio.zookeeper.address` 配置会被读取，从而寻找 Alluxio primary master。命令如下所示：

```
$ hadoop fs -ls alluxio:///directory
```

1.3.3.3　运行 Alluxio 并测试高可用

完成上述配置，用户可以执行以下命令来启动并运行高可用的 Alluxio 文件系统。

```
$ ./bin/alluxio-start.sh all
```

若要确认 Alluxio 是否在运行，可以输入命令 `bin/alluxio fsadmin report` 进行查看。

```
$ bin/alluxio fsadmin report
Alluxio cluster summary:
    Master Address: AlluxioMaster-2/172.31.62.170:19998
    Web Port: 19999
    Rpc Port: 19998
    Started: 11-17-2018 17:29:20:522
    Uptime: 0 day(s), 0 hour(s), 0 minute(s), and 44 second(s)
```

```
Version: 1.8.1
Safe Mode: false
Zookeeper Enabled: true
Zookeeper Addresses:
    ZookeeperHost-1:2181
    ZookeeperHost-2:2181
    ZookeeperHost-2:2181
Live Workers: 3
Lost Workers: 0
Total Capacity: 120.00GB
    Tier: MEM  Size: 120.00GB
Used Capacity: 0B
    Tier: MEM  Size: 0B
Free Capacity: 120.00GB
```

从输出中可以看出，当前的 primary master 是 AlluxioMaster-2，而另一台 master 节点 AlluxioMaster-1 则充当了 standby master 的角色。同时，ZooKeeper 的服务地址也在输出当中。

用户也可以执行下面的命令测试程序：

```
$ ./bin/alluxio runTests
```

若程序正确运行，应该能看到类似下面的输出结果：

```
Passed the test!
```

如果要测试高可用集群模式下的自动故障处理，请 ssh 登录到当前的 Alluxio primary master（本示例中是 AlluxioMaster-2），并使用以下命令查找 AlluxioMaster 的进程 ID：

```
$ jps | grep AlluxioMaster
```

然后使用以下命令停止 leader 进程：

```
$ kill -9 <leader pid found via the above command>
```

之后可以使用以下命令查看 leader：

```
$ ./bin/alluxio fs leader
```

命令的输出应该显示新的 primary master。在实际操作中，用户可能需要一小段时间以等待新的 primary master 当选。在主从切换完毕后，用户可以在命令行中查看到所有的文件都在这里。

```
$ ./bin/alluxio fs ls /
```

最后，用户可以执行下面的命令停止运行 Alluxio：

```
$ ./bin/alluxio-stop.sh all
```

## 第2章

Alluxio 系统架构及读写工作机制

为了能够存储海量的数据，Alluxio 文件系统采用了分布式主从式系统架构。在本章中我们将介绍 Alluxio 系统架构的主要特点、内部重要功能组件的工作原理及文件数据读写流程的工作流程。

2.1　Alluxio 的构架简介与基本特征

Alluxio 在大数据系统栈里位于计算框架和应用程序（如 Apache Spark、Hadoop MapReduce）之下，持久化存储系统（如 Amazon S3、Hadoop HDFS、OpenStack、Swift）之上，提供一个以内存存储为中心的数据访问层。图 2-1 中对比分析了 Alluxio 和本地操作系统协议栈下的本地应用程序、操作系统缓存（OS Buffer Cache）及各类具体的文件存储系统的实现。

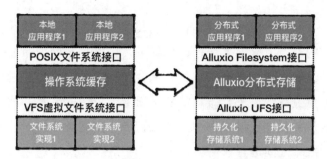

图 2-1　Alluxio 和本地操作系统协议栈下不同层面模块的对比

　　与传统大数据系统栈中存储和计算紧耦合的架构相比，Alluxio 的这种架构更加适合存储和计算分离的场景，并能提供诸多优势。

2.1.1　提升远程存储读写性能

　　如图 2-2 所示，通过缓存机制及对计算本地性的增强，Alluxio 对于使用远程存储的计算具有显著的加速效果。

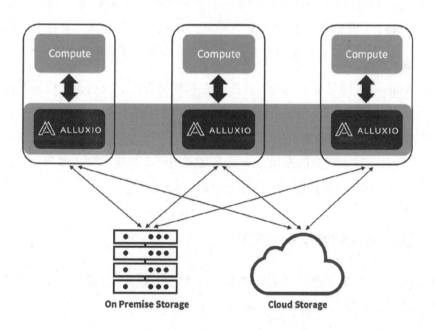

图 2-2　Alluxio 远程读写架构示例图

以 Hadoop 为代表的存储计算紧耦合的传统架构具有优良的计算本地性。通过在邻近所需数据的节点上来部署运行计算任务，可以尽量减少通过网络传输数据，从而有效地提升性能。然而，维持这种紧耦合结构所需要付出的成本代价正逐渐让性能优势带来的意义变得微乎其微。特别是随着云资源的普及，独立扩展计算和存储将能够节省大量的硬件资源成本和系统维护成本。这种模式的转变使许多数据平台重新在性能和成本之间进行权衡。

Alluxio 通过在当前主流的存储计算分离解耦的架构中，提供与紧耦合架构相似甚至更优的性能，来解决解耦后性能降低的难题。我们推荐把 Alluxio 与集群的计算框架并置部署（co-locate），从而能够提供靠近计算的跨存储缓存来实现高效本地性。应用程序和计算框架通过 Alluxio 发送数据读取请求，Alluxio 又从远程存储中获取数据。在此流程中，Alluxio 存储保留了远端数据的缓存副本。后续的数据访问请求可以直接由 Alluxio 缓存自动提供，从而实现了耦合的计算存储架构性能。与传统的架构方案相比，用户需要注意采用 Alluxio 架构带来的两个关键区别。

（1）Alluxio 存储中不需要保存底层存储中的所有数据，它只需要保存工作集（Working Set）。即使全体数据的规模非常大，Alluxio 也不需要大量存储空间来存储所有数据，而是可以在有限的存储空间中只缓存作业所需要的数据。

（2）Alluxio 存储采用了一种弹性的缓存机制来管理、使用存储资源。访问热度越高的数据（如被很多作业读取的数据表），会产生越多的副本，而请求很少甚至没有复用的数据则会被逐渐替换出 Alluxio 存储层（其在远端存储系统中的副本不会被清除）。而以 HDFS 为代表的存储系统通常是采用一个固定的副本数目（如 3 副本），很难根据具体的数据访问热度动态调节存储资源的使用。

2.1.2　统一持久化数据访问接口

Alluxio 能够屏蔽底层持久化存储系统在 API、客户端及版本方面的差异，从而使整个系统易于扩展和管理。

如图 2-3 所示，对于底层持久化存储系统而言，Alluxio 架起了它们与上层大数据应用程序的桥梁；对于上层大数据应用程序而言，Alluxio 通过集成多种底层存储系统扩展了可用数据的工作负载集。由于 Alluxio 对应用程序隐藏了底层集成的存储系统，因此任何底层存储都可以通过对接 Alluxio 为上层应用程序和框架提供数据访问。另外，当同时安装多个底层存储系统时，Alluxio 还可以作为不同种底层数据源的统一层。缓存工作集本身并不是特别的创新点，然而加上 Alluxio 统一命名空间的灵活性则不同，这两个功能的结合使 Alluxio 系统能够以高效的方式统一数据访问。

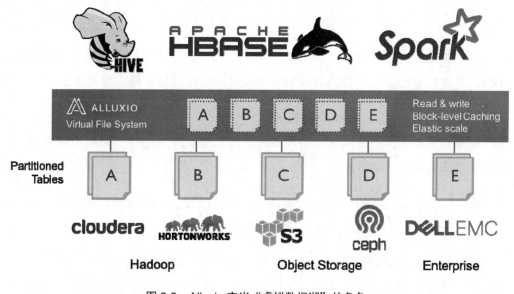

图 2-3　Alluxio 充当"虚拟数据湖"的角色

综上所述，Alluxio 通过统一命名空间功能（见 5.2 节），可以方便地访问不同的系统，并无缝地连接计算框架和底层存储。应用程序只需与 Alluxio 交互即可无缝地访问存储在任何底层存储系统中的数据。Alluxio 充当了"虚拟数据湖"的角色，为用户提供不同数据源的数据聚合视图，而并不需要创建该数据的永久副本。

将 Alluxio 用作"虚拟数据湖"具有以下几个好处。

（1）统一访问接口。应用程序只需要与单个系统及单个命名空间进行交互即可获取所有数据，而不需要关心如何从不同系统访问数据的细节。应用程序访问任何数据都很方便，只需通过全局路径识别即可。

（2）消除显式 ETL。当应用程序需要数据时，Alluxio 能够透明地从现有存储系统中提取数据，因此不需要显式 ETL 或数据副本。

（3）简化配置管理。独立使用不同的存储系统通常需要用户进行特定的访问配置。Alluxio 管理底层存储系统时进行了统一配置，因此不再需要应用程序对底层存储系统进行配置，从而简化了应用程序的配置管理。通过这种配置管理方式，Alluxio 还可以使应用程序从具有冲突配置的存储系统中访问数据。

（4）现代灵活的架构。Alluxio 统一命名空间，促进并支持用户整体架构设计上计算与存储的分离。这种类型的架构为现代数据处理提供了极大的灵活性。

（5）存储 API 独立。Alluxio 支持常见的存储接口，如 HDFS 和 S3。由于 Alluxio 统一了数据管理的命名空间，应用程序可以通过其所需要的接口访问所有数据，而不需要考虑源数据的 API。

（6）较高的数据访问性能。Alluxio 实行本地缓存和替换策略，以便快速访问本地重要且经常使用的数据，而无须维护数据的永久副本。

随着用户面临的数据量日益增长，越来越多样化的存储技术、应用程序及各种存储系统的复杂性成为使用传统方法进行数据管理的挑战。Alluxio 的统一命名空间机制使"虚拟数据湖"无须拥有永久副本。应用程序通过 Alluxio 访问来自不同存储系统的所有文件，就像在传统数据湖中一样。用户只需将数据存储系统配置为 Alluxio，Alluxio 可以透明地管理底层存储系统中的数据。

2.1.3　数据的快速复用和共享

Alluxio 可以帮助实现跨计算、作业间的数据快速复用和共享。

对于用户应用程序和大数据计算框架来说，Alluxio 存储通常与计算框架并置。

这种部署方式使 Alluxio 可以提供快速存储，促进作业之间的数据共享，无论它们是否在同一计算平台上运行。因此，当数据存储在本地时，Alluxio 可以以内存速度提供数据访问，或者当数据缓存在 Alluxio 系统中时，可以以计算集群网络速度提供数据访问。数据仅在第一次访问时从底层存储系统读取一次。因此，即使底层存储器的访问速度比较缓慢，也可以通过 Alluxio 加速数据访问。

2.2　Alluxio 的系统功能组件

如图 2-4 所示，一个完整的 Alluxio 集群部署在逻辑上包括 master、worker、client 及底层存储（UFS）。master 和 worker 进程通常由集群管理员维护和管理，它们通过 RPC 相互通信协作，从而构成了 Alluxio 服务端。而应用程序则通过 Alluxio Client 来和 Alluxio 服务交互，读写数据或操作文件、目录。一般 Alluxio Client 需要被放置于使用 Alluxio 服务的应用进程内部或 classpath 上。

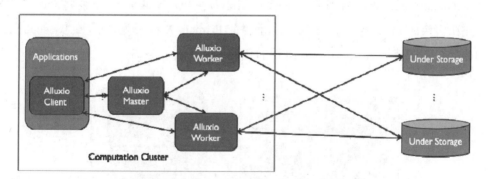

图 2-4　Alluxio 系统功能组件及其之间的关系

2.2.1　Alluxio Master 组件

Alluxio 集群的 master 节点负责管理整个集群的全局元数据并响应 client 对文件系统的使用请求。在 Alluxio 文件系统的内部，每一个文件被划分为一个或多个数据块（block），并以数据块为单位存储在 worker 中。master 节点负责管理文件系统的元数据（如文件系统的 inode 树、文件到数据块的映射）、数据块的元数据（如 block 到 worker 的位置映射），以及 worker 元数据（如集群当中每个 worker 的状态）。所有 worker 定期向 master 发送心跳消息汇报自己的状态，以维持服务的参与资格。master 通常不会主动与其他组件通信，只通过 RPC 服务被动响应请求。同时 master 还负责实时记录文件系统的日志（Journal），以保证集群重启之后可以准确恢复文件系统的状态。

如图 2-5 所示，Alluxio 支持同时运行多个 master 节点，避免 master 成为 Alluxio 单点错误瓶颈，从而实现 Alluxio 服务的高可用性。当运行多个 master 的时候，有一个 master 会被选举为 Primary Master，而其余的 master 则处于 standby 状态，称为 secondary master。当 Primary Master 因为某些缘故中止运行时，一个 secondary master 将被选为 secondary master 服务器。此外，secondary master 还需要将文件系统日志写入持久化存储，从而在多 master 间共享日志，以允许 master 在进行主从切换时可以恢复对外服务 master 的状态信息。Alluxio 集群中可以有多个 secondary master。每个 secondary master 定期压缩文件系统日志并生成 Checkpoint 以便将来的快速恢复，并在切换成 Primary Master 的时候重播前 Primary Master 写入的日志。secondary master 不会处理来自任何 Alluxio 组件的任何请求。

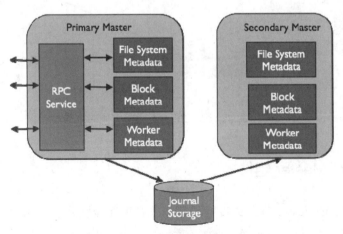

图 2-5　Alluxio 的 Primary Master 和 secondary master 工作机制

2.2.2　Alluxio Worker 组件

Alluxio Master 只负责响应 client 对文件系统元数据的操作。而为 client 传输具体的文件数据的任务则由 worker 负责。如图 2-6 所示，每一个 worker 负责管理分配给 Alluxio 的本地存储资源（例如，内存 RAM、固态闪存 SSD、硬盘等 HDD），记录所有被管理的数据块的元数据，并根据 client 对数据块的读写请求做出响应。

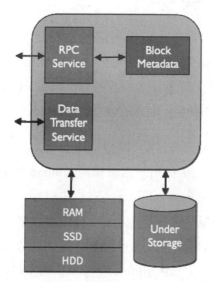

图 2-6　Alluxio Worker 管理的本地存储资源

例如，一个正在生成新文件的 client 会根据文件的大小，请求某个 worker 为该文件创建一个或多个新的数据块。worker 会把新的数据块存储在其本地的存储资源内，并响应未来的 client 读请求。根据 client 的请求，worker 也可能需要从底层持久化存储系统中读取数据，并将其以数据块的形式缓存至 worker 本地。Alluxio Worker 代替 client 在底层持久化存储上执行数据操作。这种机制会带来两个重要的好处：第一，从底层存储读取的数据可以直接存储在 Alluxio Worker 中，并且可以立即提供给其他 Alluxio Client 读取使用。第二，Alluxio Client 可以不依赖于底层存储的连接器，从而方便实现一个轻量级的 client。这将极大地方便 Alluxio Client 的部署，能够避开各种依赖关系的陷阱。

由于 RAM 通常提供的存储容量有限，因此在 Alluxio Worker 空间已满的情况下添加新的数据块时，需要替换已有的数据块。Alluxio Worker 采用可配置的缓存替换策略来决定在 Alluxio 空间中保留哪些数据块。有关此主题的更多介绍，请查看分层存储机制（参见 5.3 节）。注意，数据块的替换过程对上层应用和 client 是完全透明的。

2.2.3 Alluxio Client 组件

Alluxio Client 帮助用户与 Alluxio 服务端进行交互。它发起与 master 的通信以执行元数据操作，并从 worker 读取和写入存储在 Alluxio 中的数据。它提供 Java 中的本机文件系统 API，并支持多种客户端语言，包括 REST、Go 和 Python 等。除此之外，Alluxio 还支持与 Hadoop HDFS API 及 Amazon S3 API 兼容的 API。

用户可以把 Alluxio 的 Java 客户端理解成一个库，它定义了几个重要的类，实现了文件系统的接口，以便根据用户请求调用 Alluxio 服务（如创建文件，列出目录等）。它通常被预编译到名为 `alluxio-1.8.1-client.jar`（对于 v1.8.1）的 jar 文件中。该 jar 文件并不能单独执行，需要使用应用程序，它应位于应用程序的 JVM 类路径上，以便可以将其发现并加载到 JVM 进程中。如果应用程序 JVM 无法在类路径上找到此文件，则它不知道 Alluxio 文件系统的实现，将抛出异常。

当 Alluxio 的客户端和 Alluxio Worker 运行在同一台节点上的时候，客户端对本地 worker 缓存数据的读写请求可以绕过其 RPC 接口，使用本地文件系统直接访问 worker 所管理的数据。这种读写被称为短路读写，通常可以达到很高的速度。如果该节点上没有 Alluxio Worker 运行，所有的读写都需要通过网络访问在其他节点上的 worker，速度通常受网络带宽限制。

2.3 Alluxio 读写场景的行为分析

本节描述 Alluxio 在常见读写场景的行为。在这里假设 Alluxio 已经按照第 2.1 节的推荐方式进行了部署：Alluxio Worker 节点与计算引擎或应用程序并置部署，而底层存储则是远程存储集群或基于云的存储。

2.3.1 Alluxio 的读场景数据流

Alluxio 可以作为用户应用程序，利用 client 从底层存储读取数据的读缓存。本节介绍不同的缓存场景及其对性能的不同影响。

2.3.1.1 命中本地 worker 的情况

当一个应用程序需要读取的数据已经被缓存在本地 Alluxio Worker 上时，即为本地缓存命中。如图 2-7 所示，具体说来，应用程序通过 Alluxio Client 请求数据访问后，Alluxio Client 会向 Alluxio Master 检索存储该数据的 Alluixo Worker 位置。如果本地 Alluxio Worker 存有该数据，Alluxio Client 将使用 "短路读" 以绕过 Alluxio Worker 而直接通过本地文件系统读取数据文件。短路读可以避免通过 TCP socket 传输数据，并能够提供内存级别的数据访问速度。短路读是从 Alluxio 读取数据的最高性能方式。

在默认情况下，短路读需要获得相应的本地文件系统操作权限。然而当 Alluxio Worker 和 Alluxio Client 是在容器化的环境中运行时，可能会由于不正确的资源信息统计而无法实现短路读。在基于文件系统的短路读不可行的情况下，Alluxio 可以基于 domain socket 的方式实现短路读，这时，Alluxio Worker 将通过预先指定的 domain socket 路径将数据传输到 client。有关此主题的更多信息，请查看在 Docker 上运行 Alluxio 的有关文档[①]。

---

① http://www.alluxio.io/docs/master/cn/Running-Alluxio-On-Docker.html。

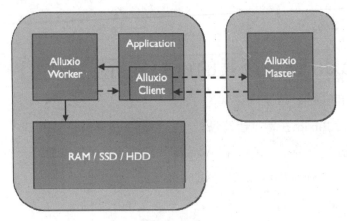

图 2-7 Alluxio 读操作命中本地 worker 的情况

另外，除内存外，Alluxio 还可以管理其他存储介质（如 SSD、HDD），因此本地数据访问速度可能因本地存储介质而异。要了解有关此主题的更多信息，请参阅 5.3.1 节介绍的分层存储。

2.3.1.2 命中远程 worker 的情况

如图 2-8 所示，当被 client 请求的数据不在本地 Alluxio Worker 上，而在集群中某一远端 worker 中时，Alluxio Client 将从远程 worker 读取数据。例如，如果 Alluxio Client 通过检索 Alluxio Master 发现数据存储在远程 Alluxio Worker 上，那么 client 将通过 RPC 连接远程 worker 请求数据，通过网络读取数据。

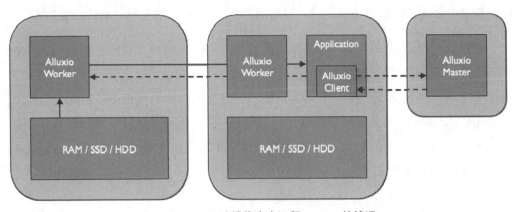

图 2-8 Alluxio 读操作命中远程 worker 的情况

在默认情况下，Alluxio Worker 除将数据返回到客户端外，还将在本地写入一个副本以便将来可以从本地读取。这样会造成该数据产生一个额外的副本。所以被请求得越频繁的数据，就会有越多的 Alluxio 缓存副本，从而实现了根据数据热度优化计算的本地性。用户可以指定使用 NO_CACHE 的读取方式来禁用本地副本的写入。

远程缓存命中情况的数据读取速度通常受网络速度限制。由于 Alluxio Worker 之间的网络速度通常比 Alluxio Worker 与底层存储之间的速度快，因此 Alluxio 会优先考虑从远程 worker 存储中读取数据。

2.3.1.3　未命中 worker 的情况

如果请求的数据没有被缓存在 Alluxio 中，则请求未命中 Alluxio 缓存，应用程序将必须从底层存储中读取数据。Alluxio Client 会将读请求委托给本地 worker，从底层存储中读取数据。Alluxio Worker 同时在本地缓存数据以供将来读取。缓存未命中通常会导致较大的延迟，因为此时应用程序必须从底层存储系统中读取数据。缓存未命中通常发生在第一次读取数据，或者曾经缓存的数据被置换出 Alluxio 空间后。

在 Alluxio v1.7 之前，当客户端向 Alluixo 请求读的数据没有命中缓存时，Alluxio 客户端会默认在读数据时同步执行缓存操作。但当应用程序第一次仅需读取该文件的一小部分时，这种同步缓存的操作可能对应用程序的性能造成损失。具体地说，在缓存没有命中的情况下，Alluxio 客户端会（通过 worker）去底层存储系统读取一个完整的数据块，将其缓存至 Alluxio，然后把所需数据返回给应用程序。然而，对于很多 SQL 类型的作业，客户端常常只需要读取 Parquet 文件的表尾（不超过 10MB），但第一次请求 Alluxio 时，Alluxio 会尝试读取并缓存一个完整的数据块，以便于响应未来的请求。

Alluxio v1.7 开始实现了优化的异步数据缓存操作。client 不再同时负责数据的读取和缓存，而是将缓存操作交给 Alluxio Worker 节点。worker 端的缓存操作同客户端的读操作异步进行。这一改进极大地简化了 client 读取数据的过程，并且由于不需要等待缓存操作完成即可返回应用程序结果，从而能够显著地提高某些类型作业的性能。

1. 异步缓存策略

异步缓存将缓存操作的开销由客户端转移到 worker。客户端读数据的同时，缓存数据块任务由 worker 在后台异步处理（除非用户指定读取类型为"NO_CACHE"）。不论是读取完整或部分数据块，缓存操作对 client 性能均没有额外的影响，用户也不再需要像使用 Alluxio 1.7 那样设置参数"alluxio.user.file.cache.partially.read.block"来启动或关闭对只读了一部分的数据块的缓存。

worker 内部也在帮 client 读取底层存储数据方面做出了优化：如果客户端使用的读取类型为"CACHE"，且从头到尾顺序地从底层存储读取一个完整数据块，那么 worker 在帮助客户端读取底层存储系统的过程中即积累了完整的数据。因此，在客户端顺序读取完一个数据块以后，worker 就可以直接缓存该数据块了。

图 2-9 显示了读取数据块过程中的这一同步优化的部分。客户端只读取所需数据（步骤 1、2、4、5），而 worker 在读取的时候顺便缓存（步骤 3）。当客户端读取完整的块，则整个数据块将被缓存（步骤 6）。

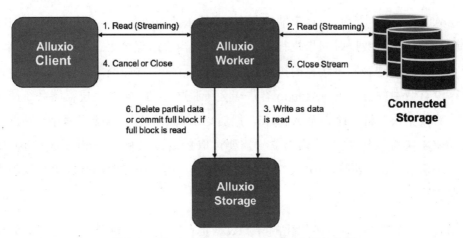

图 2-9　Alluxio 异步读取数据块的同步优化流程

如果 worker 发现 client 只是读取数据块的一部分而非整体，或者正在以非顺序的方式读取数据块内部数据，那么 worker 便会放弃在读取的时候顺便缓存。而客户端则会在读取完成后向 worker 节点发送异步缓存命令并继续。之后，worker 节点再从底层存储获取完整的块。

如图 2-10 所示，Alluxio Worker 和 Alluxio Client 节点间的异步缓存请求使用轻量级 RPC 通信（步骤 1）。在 worker 确认请求后（步骤 2），客户端可以立即继续运行，而步骤 3 和步骤 4 可以在 worker 后台异步进行。

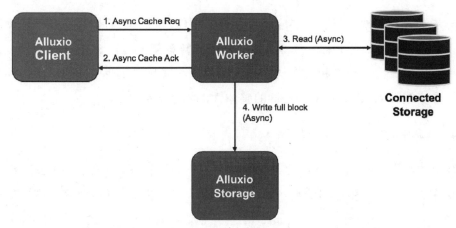

图 2-10　Alluxio Worker 和 Alluxio Client 节点间的异步缓存请求的处理过程

2. 调整和配置异步缓存

Alluxio Worker 节点在后台并行执行异步缓存的同时，也服务于来自客户端的同步读取请求。每个 worker 节点有一个线程池，其大小由参数 "`alluxio.worker.network.netty.async.cache.manager.threads.max`" 指定。该参数默认值为 8，这意味着 worker 最多可以同时使用 8 个核从其他 worker 或底层存储系统读取数据块，并在本地缓存以供将来使用。调高此值可以加快后台异步缓存的速度，但 CPU 使用率会增加。降低该值则会减慢异步缓存的速度，但也释放了 CPU 资源。

3. 异步缓存的优点

这里我们通过一个简单的例子来展示异步缓存的好处：用户需要首先从底层存储系统 S3 中读取某一文件的一小部分，但之后还会有更多的读取请求，因此用户打算缓存整个文件。① 使用异步缓存之后，从 S3 中读取文件的前 5KB 只需要几秒钟，客户端可以在读取完 5KB 后立即返回。② 对于 Alluxio 1.7 之前的版本中，由于要缓存整个块，第一次读取这 5KB 数据将花费几分钟（速度将取决于网络带宽）。在这两种情况下，数据块在初始请求后的几分钟内都将完全缓存到 Alluxio。但使用异步缓存机制，客户端在初始读取所需的数据后即可继续执行，还可以同时由 worker 在后台缓存完整数据块。

异步缓存极大地提高了上层应用冷读取的性能，它们不需要完整顺序地读取数据块。类似的场景如在 Presto 或 Spark SQL 等计算框架上运行 SQL 工作负载。使用异步缓存，第一次查询将和直接从连接底层存储读取数据花费相同的时间，并且随着数据异步缓存到 Alluxio 中，集群的整体性能将逐渐提高。

4. 未命中，绕过 worker 缓存

除上述触发 worker 异步缓存外，某些情况下应用程序希望绕过 Alluxio 缓存，直接从底层存储系统中读取数据。如图 2-11 所示，用户可以通过将客户端中的属性 `alluxio.user.file.readtype.default` 设置为 `NO_CACHE` 来关闭 Alluxio 中的缓存并让客户端直接从底层存储中读取。

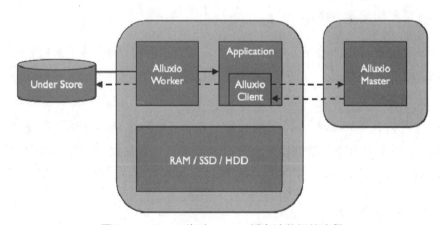

图 2-11　Alluxio 绕过 worker 缓存读数据的流程

2.3.2　Alluxio 的写场景数据流

与读类似，用户同样可以通过选择不同的缓存类型来设置数据的写入方式。具体地，用户可以通过 Alluxio API 或在客户端中配置属性 `alluxio.user.file.writetype.default` 来设置写入类型。本节将介绍不同写入类型的行为及其对应用程序的性能影响。

1. 仅写缓存

使用写入类型 `MUST_CACHE`，Alluxio 客户端仅将数据写入本地 Alluxio Worker，并不会将数据写入底层存储系统。在写入之前，Alluxio 客户端将在 Alluxio Master 上创建元数据；在写入期间，如果"短路写"可用，Alluxio 客户端直接将数据写入本地 RAM 盘上的文件，绕过 Alluxio Worker 以避免较慢的网络传输。短路写能够以内存速度执行，是性能最高的写入方式。由于数据并没有持久化地写入存储，如果机器崩溃或需要释放数据以用于较新的写入，则数据可能会丢失。因此，当可以容忍数据丢失时（如写入临时数据时），可以使用 `MUST_CACHE` 类型的写入来达到较高的写性能。通过短路写的写缓存过程如图 2-12 所示。

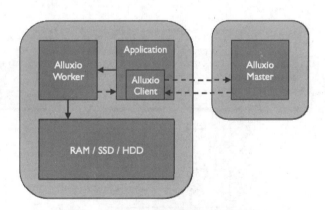

图 2-12　Alluxio 通过短路写的写缓存

当客户端的本地机器上没有 Alluxio Worker 的时候，可以通过写入远端的 Alluxio Worker 完成写缓存，如图 2-13 所示。这种情况下的写速度因为通过网络，通常比短路写的速度慢。

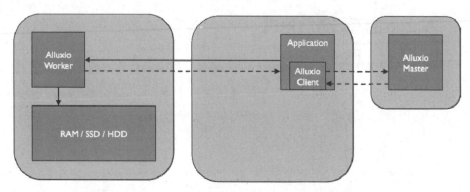

图 2-13　Alluxio 通过写入远端的 Alluxio Worker 完成写缓存

2. 同步写缓存与持久化存储

使用 `CACHE_THROUGH` 的写入类型，数据将同步写入 Alluxio Worker 和底层存储系统。如图 2-14 所示，Alluxio 客户端将写入委托给本地 worker，而 worker 将同时写入本地内存和底层存储。由于写入持久化存储通常会比写入本地存储慢得多，因此客户端写入速度与底层存储的写入速度相匹配。当需要保证数据持久性时，建议使用 `CACHE_THROUGH` 写入类型。该类型还会写入本地副本，本地存储的数据可供将来使用。

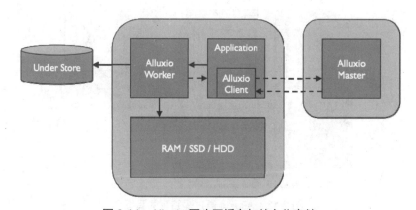

图 2-14　Alluxio 同步写缓存与持久化存储

3. 仅写持久化存储

使用 `THROUGH` 的写入类型，Alluxio 客户端将通过 Alluxio Worker 将数据仅写入底层存储系统，如图 2-15 所示，因此客户端写入速度与底层存储的写入速度相仿。以 THROUGH 类型写入的数据获得持久性，但不会创建 Alluxio 存储中的副本。一般当输出的数据重要但不会立刻被使用到的时候，建议使用 THROUGH 写入类型。

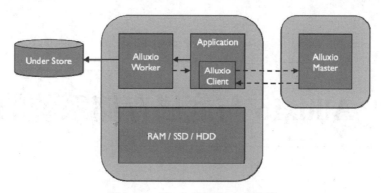

图 2-15　Alluxio 仅写持久化存储

4. 异步写回持久化存储

Alluxio 还提供了一种实验性的写入类型 ASYNC_THROUGH。使用 ASYNC_THROUGH，数据将同步写入 Alluxio Worker，并异步写入底层存储系统，如图 2-16 所示。ASYNC_THROUGH 可以以内存速度提供数据写入，并仍然以异步的方式完成数据持久化。但是，作为一个实验性功能，ASYNC_THROUGH 存在一些限制：①如果机器在异步持久存储到底层存储之前崩溃，数据仍然会丢失。②异步写机制要求文件的所有块必须驻留在同一个 worker 中。

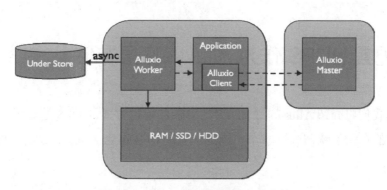

图 2-16　Alluxio 异步写回持久化存储

## 第3章

Alluxio 与底层存储系统的集成

Alluxio 统一了不同数据处理系统的数据访问方式，并支持对接多种不同持久化存储系统作为其底层存储系统，从而使应用程序只需要连接 Alluxio 即可访问存储在底层任意存储系统中的数据。在本章中，我们将介绍 Alluxio 与常见的几种存储系统的对接和使用方式。

3.1 配置 HDFS 作为 Alluxio 底层存储

首先，我们将介绍 Alluxio 与 HDFS 的对接和使用方式。HDFS 是开源项目 Apache Hadoop 中的存储系统部分。本节将阐述配置 HDFS 作为 Alluxio 底层文件系统的具体流程。

3.1.1　准备步骤与基本配置流程

首先，请确保将要作为 Alluxio 底层存储的 HDFS 集群已经启动运行。用户可以通过查看 HDFS Web 界面（默认 URL 是 http://namenode:50070）进行确认。并且，确保将要作为 Alluxio 根目录的目录已经在此 HDFS 文件系统中。

其次，用户需要在每台机器上都部署 Alluxio 的可执行包。用户可以参考 1.2.1 节 "下载预编译的 Alluxio 可执行包"，下载并部署 Alluxio 的可执行程序在每一台机器上。

对于高级用户，也可以选择参考 1.2.2 节 "编译 Alluxio 源代码"，将 Alluxio 源代码编译成可执行程序。注意，编译 Alluxio 源代码时默认对接的 HDFS 的版本是 2.2.0，Alluxio 提供了预定义的 Hadoop 配置，包含 `hadoop-1`、`hadoop-2`、`hadoop-3` 等 Hadoop 版本。若要使用其他版本的 HDFS，则需要在 Alluxio 源代码目录下执行以下命令来指定自选的 Hadoop 版本：

```
$ mvn install -P<HADOOP_PROFILE> -D<HADOOP_VERSION> -DskipTests
```

如果用户想编译特定 Hadoop 版本的 Alluxio，用户应该在命令中指定版本。例如，下列命令将会编译支持对接 Hadoop 2.7.1 版本的 Alluxio：

```
$ mvn install -Phadoop-2 -Dhadoop.version=2.7.1 -DskipTests
```

当编译顺利完成后，在 `assembly/server/target` 目录中应当能看到 `alluxio-assembly-server-1.8.1-jar-with-dependencies.jar` 文件。

1. 连接普通模式运行的 HDFS

用户需要通过修改 `conf/alluxio-site.properties` 来配置 Alluxio。如果该配置文件尚不存在，用户可以根据系统提供的模板文件来创建：

```
$ cp conf/alluxio-site.properties.template conf/alluxio-site.properties
```

修改 `conf/alluxio-site.properties` 文件，将底层存储系统的地址设置为 HDFS 的 namenode 的地址和挂载到 Alluxio 根目录下的 HDFS 目录。例如，若

HDFS 的 namenode 是在本地使用默认端口运行（通常为 hdfs://localhost:9000），并且需要将 HDFS 的根目录映射到 Alluxio 根目录，则在 `conf/alluxio-site.properties` 文件中添加：

```
alluxio.underfs.address=hdfs://localhost:9000
```

如果只将 HDFS 中/alluxio/data 这一个目录映射到 Alluxio 根目录，则需要在 conf/alluxio-site.properties 文件中设置：

```
alluxio.underfs.address=hdfs://localhost:9000/alluxio/data
```

2. 连接高可用集群模式运行的 HDFS

用户需要更多的一些步骤来配置 Alluxio 的服务节点，以访问高可用集群模式下的 HDFS。注意，一旦 Alluxio 的服务端设置成功，用户的应用程序通过 Alluxio 客户端使用 Alluxio 服务时不再需要任何额外的设置。

有两种方法可以让 Alluxio 服务端连接高可用集群模式的 HDFS Namenode。

方法 1：将 Hadoop 安装目录下的 `hdfs-site.xml` 和 `core-site.xml` 文件复制或符号链接到`${ALLUXIO_HOME}/conf` 目录下。确保这一设置在所有正在运行 Alluxio 的 master 和 worker 节点上都生效。

方法 2：用户可以在 `conf/alluxio-site.properties` 文件中将 `alluxio.underfs.hdfs.configuration` 设置指向 Hadoop 属性文件 `core-site.xml` 或 `hdfs-site.xml` 的路径。确保这一设置在所有的 Alluxio Master 和 Alluxio Worker 节点上的配置文件中均有效。

```
alluxio.underfs.hdfs.configuration=
/path/to/hdfs/conf/core-site.xml:/path/to/hdfs/conf/hdfs-site.xml
```

在完成上述设置之后，如果用户需要将 HDFS 的根目录映射到 Alluxio，则将底层存储地址设置为 `hdfs://nameservice/`（**nameservice** 是在 `core-site.xml` 文件中已配置的 HDFS 服务的名称）。

```
alluxio.underfs.address=hdfs://nameservice/
```

如果用户仅需要将 HDFS 的 `/alluxio/data` 目录映射到 Alluxio，则将底层存储地址设置为 `hdfs://nameservice/alluxio/data`。

```
alluxio.underfs.address=hdfs://nameservice/alluxio/data
```

3.1.2　高级参数配置

1. Alluxio 和 HDFS 的用户/权限映射

Alluxio 从 1.3 版本开始就支持并默认启用类似 POSIX 文件系统的用户和权限检查。为了确保 HDFS 上的用户、组和访问模式等文件权限信息与 Alluxio 一致（例如，在 Alluxio 中被用户"calvin"创建的文件在 HDFS 中也以"calvin"作为用户出现），用户需要用以下方式启动 Alluxio 服务进程。

（1）使用启动 HDFS Namenode 进程的同一用户来启动 Alluxio Master 和 Alluxio Worker 进程。也就是说，如果使用了 admin 用户启动 HDFS Namenode 进程，则同样使用 admin 用户在各个节点上启动 Alluxio Master 和 Alluxio Worker 进程。

（2）使用 HDFS 超级用户组的成员。编辑 HDFS 配置文件 `hdfs-site.xml` 并检查配置属性 `dfs.permissions.superusergroup` 的值。如果使用组（如 hdfs）设置此属性，则将用户添加到此组（hdfs）以启动 Alluxio 进程（如 alluxio）；如果未设置此属性，请将一个组添加到此属性，其中 Alluxio 运行用户是添加组的成员。

注意，上面设置的用户只是系统管理员用来启动 Alluxio Master 和 Alluxio Worker 进程的。一旦 Alluxio 集群成功启动后，并不需要使用此用户来运行使用 Alluxio 的应用程序。

2. 自定义 HDFS 的客户端属性

将需要修改的属性放入 `hdfs-site.xml` 或 `core-site.xml` 文件中，复制或

者符号链接到 ${ALLUXIO_HOME}/conf 目录下，并确保这一设置在所有正在运行 Alluxio 的 master 和 worker 节点上都生效。

3.1.3 使用 HDFS 在本地运行 Alluxio

配置完成后，用户可以在本地启动 Alluxio，观察一切是否正常运行：

```
$ bin/alluxio format
$ bin/alluxio-start.sh local
```

该命令会在本地分别启动一个 Alluxio Master 和一个 Alluxio Worker 进程。用户可以在浏览器中访问 http://localhost:19999 查看 master 的 Web 界面，访问 http://localhost:30000 查看 worker 的 Web 界面。

在确认 Alluxio Master 和 Alluxio Worker 正常启动之后，用户可以运行一个简单的示例程序：

```
$ bin/alluxio runTests
```

运行成功后，可以访问 HDFS Web 界面 http://localhost:50070 查看确认其中是否包含了由 Alluxio 创建的文件和目录。该测试中，在 http://localhost:50070/explorer. html 中创建的文件名称应该类似于/default_tests_files/BASIC_CACHE_THROUGH。

最后，用户可以执行以下命令停止运行 Alluxio：

```
$ bin/alluxio-stop.sh local
```

3.2 配置 Secure HDFS 作为 Alluxio 底层存储

本节介绍如何配置 Alluxio 以使用 Kerberos[①]安全认证模式下的 HDFS 作为底层文件系统。注意，在本节中 Alluxio 本身并不通过 Kerberos 进行内部用户认证。

---

① http://web.mit.edu/kerberos/。

3.2.1　准备步骤与基本配置流程

本步骤内容与 3.1.1 节相同，请直接参考 3.1.1 节的详细流程。

1. 基本配置

用户需要通过修改 `conf/alluxio-site.properties` 来配置 Alluxio。如果该配置文件尚不存在，用户可以根据系统提供的模板文件来创建：

```
$ cp conf/alluxio-site.properties.template conf/alluxio-site.properties
```

修改 `conf/alluxio-site.properties` 文件，将底层存储系统的地址设置为 HDFS Namenode 的地址和挂载到 Alluxio 根目录下的 HDFS 目录的地址。例如，若用户的 HDFS Namenode 在本地使用默认端口运行（通常为 hdfs://localhost:9000），并且需要将 HDFS 的根目录映射到 Alluxio 根目录，则在 `conf/alluxio-site.properties` 文件中添加：

```
alluxio.underfs.address=hdfs://localhost:9000
```

如果只将 HDFS 目录 `/alluxio/data` 映射到 Alluxio 根目录，则在 `conf/alluxio-site.properties` 文件中设置：

```
alluxio.underfs.address=hdfs://localhost:9000/alluxio/data
```

为了确保 Alluxio 能够获得 secure HDFS 的配置，请将 HDFS 配置文件（`core-site.xml`、`hdfs-site.xml`、`mapred-site.xml`、`yarn-site.xml`）复制到 `${ALLUXIO_HOME}/conf/` 目录下。

并且，在 alluxio-site.properties 文件中配置下面的 Alluxio 属性：

```
alluxio.master.keytab.file=<YOUR_HDFS_KEYTAB_FILE_PATH>
alluxio.master.principal=hdfs/<_HOST>@<REALM>
alluxio.worker.keytab.file=<YOUR_HDFS_KEYTAB_FILE_PATH>
alluxio.worker.principal=hdfs/<_HOST>@<REALM>
```

2. 高级配置

用户可以为自定义的 Kerberos 配置设置 JVM 级别的系统属性：`java.security.krb5.realm` 和 `java.security.krb5.kdc`。这些 Kerberos 配置将 Java 库路由到指定的 Kerberos 域和 KDC 服务器地址。如果两者都设置为空，Kerberos 库将采用机器上的默认 Kerberos 配置。该高级配置可通过将这两项配置添加到 `conf/alluxio-env.sh` 文件的 `ALLUXIO_JAVA_OPTS` 配置项进行设置：

```
ALLUXIO_JAVA_OPTS+=" -Djava.security.krb5.realm=
<YOUR_KERBEROS_REALM>
-Djava.security.krb5.kdc=<YOUR_KERBEROS_KDC_ADDRESS>"
```

3.2.2　使用安全认证模式 HDFS 在本地运行 Alluxio

在使用安全认证模式 HDFS 在本地运行 Alluxio 之前，请确保 HDFS 集群处于运行状态，并且挂载到 Alluxio 的 HDFS 目录已经存在。

在 Alluxio 节点运行 `kinit` 的时候，请使用相应的 `principal` 和 `keytab` 文件来提供 Kerberos 票据缓存。在使用 HDFS 的场景下，用户应该用 `principal hdfs` 和 `<YOUR_HDFS_KEYTAB_FILE_PATH>` 来运行 `kinit`。目前，该方法的一个已知缺陷是 Kerberos TGT 可能会在达到最大更新周期后失效，但用户可以通过定期更新 TGT 来解决这个问题。否则，在启动 Alluxio 服务的时候，用户可能会看到如下错误：

```
javax.security.sasl.SaslException: GSS initiate failed
[Caused by GSSException: No valid credentials provided (Mech
anism level: Failed to find any Kerberos tgt)]
```

配置完成后，用户可以在本地启动 Alluxio，观察一切是否正常运行：

```
$ bin/alluxio format
$ bin/alluxio-start.sh local
```

该命令会在本地分别启动一个 Alluxio Master 和一个 Alluxio Worker 进程。用户可以在浏览器中访问 http://localhost:19999 查看 master 的 Web 界面，访问 http://localhost: 30000 查看 worker 的 Web 界面。

在确认 Alluxio Master 和 Alluxio Worker 正常启动之后，用户可以运行一个简单的示例程序：

```
$ bin/alluxio runTests
```

为了这个测试能够运行成功，用户需要确保执行 Alluxio 命令行的登入用户对挂载到 Alluxio 的 HDFS 目录拥有读写的访问权限（目录名可以查看 ./conf/alluxio-site.properties 文件中的 alluxio.underfs.address 属性）。默认情况下，登入的用户是当前主机操作系统的用户。要改变默认配置，可以设置 -Dalluxio.security.login.username 的值为想要的用户名。

运行成功后，访问 HDFS Web 界面 http://localhost:50070，确认其中包含了由 Alluxio 创建的文件和目录。在该测试中，在 http://localhost:50070/explorer.html 中创建的文件名称应该类似于 /default_tests_files/BASIC_CACHE_THROUGH。

最后，用户可以执行以下命令停止运行 Alluxio：

```
$ bin/alluxio-stop.sh local
```

3.3　配置 AWS S3 作为 Alluxio 底层存储

本节介绍配置 AWS S3[①]（以下简称 S3）作为 Alluxio 底层文件系统的指令。

3.3.1　准备步骤与基本配置流程

首先，为了使用 S3 作为 Alluxio 的底层存储，需要创建一个新的 S3 bucket 或使

---

① https://aws.amazon.com/s3/。

用一个已有的 bucket。在本节中，我们假设 S3 bucket 的名称为 `S3_BUCKET`，而该 bucket 里已经创建了一个目录名称为 `S3_DIRECTORY`。

其次，用户需要在每台机器上都部署 Alluxio 的可执行包。用户可以参考 1.2.1 节"下载预编译的 Alluxio 可执行包"，下载并部署 Alluxio 的可执行程序到每台机器 上。对于高级用户，也可以选择参考 1.2.2 节"编译 Alluxio 源代码"，手动编译成可 执行程序。

1. 作为 Alluxio 根目录挂载

用户需要通过修改 `conf/alluxio-site.properties` 来配置 Alluxio 以正 确地使用 S3 作为底层存储系统。如果该配置文件尚不存在，则可以根据系统提供的 模板文件来创建：

```
$ cp conf/alluxio-site.properties.template conf/alluxio-site.properties
```

修改 `conf/alluxio-site.properties` 配置文件，指定一个已有的 S3 bucket 作为 Alluxio 的底层存储系统。具体地，在 `conf/alluxio-site.properties` 中添加：

```
alluxio.underfs.address=s3a://S3_BUCKET/S3_DIRECTORY
```

接着，需要指定 AWS 证书以便访问 S3，在 `conf/alluxio-site.properties` 中添加：

```
aws.accessKeyId=<AWS_ACCESS_KEY_ID>
aws.secretKey=<AWS_SECRET_ACCESS_KEY>
```

这里`<AWS_ACCESS_KEY_ID>`和`<AWS_SECRET_ACCESS_KEY>`是用户实际的 AWS keys[1]。

2. 作为 Alluxio 非根目录嵌套挂载

```
$ ./bin/alluxio fs mount --option aws.accessKeyId=<AWS_ACCESS_KEY_ID>
```

---

[1] https://docs.aws.amazon.com/IAM/latest/UserGuide/id_credentials_access-keys.htm。

```
--option aws.secretKey=<AWS_SECRET_KEY_ID>\
  /mnt/s3 s3a://<S3_BUCKET>/<S3_DIRECTORY>
```

S3 挂载完成后，Alluxio 应该能够将 S3 作为底层存储系统运行，用户可以尝试使用 S3 在本地运行 Alluxio。

3.3.2　高级参数配置

1. S3 访问权限控制

Alluxio 将会遵循底层对象存储的访问权限控制。Alluxio 配置中指定的 S3 证书代表一个 S3 用户，S3 服务终端在一个用户访问 bucket 和对象时会检查该用户的权限，如果该用户对某个 bucket 没有足够的访问权限，将会报权限错误。Alluxio 在第一次从底层 S3 将元数据加载到 Alluxio 命名空间时，便会同时将其 bucket 的 ACL 也加载到 Alluxio 访问权限的元数据中。

在默认情况下，Alluxio 会尝试从 S3 证书中解析其 S3 用户名。另外，也可以配置 `alluxio.underfs.s3.owner.id.to.username.mapping`，从而指定某个 S3 ID 到 Alluxio 用户名的映射关系，其配置形式为"id1=user1;id2=user2"。AWS S3 规范 ID 可以在该控制台地址[①]找到。具体地，请展开 Account Identifiers 选项卡，并参考"Canonical User ID"。

Alluxio 通过 S3 bucket 的读写访问控制权限来决定 Alluxio 文件的所有者权限模式。举例来说，如果一个 S3 用户对某个底层 S3 bucket 具有只读权限，那么该挂载的目录及文件的权限模式为 `0500`；如果该 S3 用户具有全部权限，那么其 Alluxio 权限模式将为 `0700`。

注意，对 Alluxio 目录或文件进行 `chown/chgrp/chmod` 等操作不会更改其底层 S3 bucket 或对象的权限。

---

① https://console.aws.amazon.com/iam/home?#security_credential。

2. 挂载点共享

如果用户想在 Alluxio 命名空间中与其他用户共享 S3 挂载点，则需要在 conf/alluxio-site.properties 中添加：

```
alluxio.underfs.object.store.mount.shared.publicly=true
```

3. 启用服务器端加密

用户可以对存储在 S3 中的数据进行加密。注意，加密仅适用于 S3 中的静态数据，并且在客户端读取时将以解密形式传输。启用这一功能，在 conf/alluxio-site.properties 中添加：

```
alluxio.underfs.s3a.server.side.encryption.enabled=true
```

4. DNS-Buckets

在默认情况下，Alluxio 会使用 virtual-hosted 的访问方式访问 S3。在这种访问方式下，请求名为"mybucket"的 bucket 会被解析并发送至 http://mybucket.s3.amazonaws.com。用户可以修改 alluxio.underfs.s3.disable.dns.buckets 属性（默认为 false）：

```
alluxio.underfs.s3.disable.dns.buckets=true
```

该设置会让 Alluxio 启用 path-style 的访问方式。在这种访问方式下，请求名为"mybucket"的 bucket 会被定向发送至 http://s3.amazonaws.com/mybucket。

5. 通过代理访问 S3

若要通过代理与 S3 交互，则需修改文件 conf/alluxio-site.properties 以包含：

```
alluxio.underfs.s3.proxy.host=<PROXY_HOST>
alluxio.underfs.s3.proxy.port=<PROXY_PORT>
```

其中，<PROXY_HOST>和<PROXY_PORT>为代理的主机名和端口。

6. 使用非亚马逊服务提供商

如果需要使用一个不是来自"s3.amazonaws.com"的 S3 服务，则需要修改文件 `conf/alluxio-site.properties` 以包含：

```
alluxio.underfs.s3.endpoint=<S3_ENDPOINT>
```

对于这些参数，将 `<S3_ENDPOINT>` 参数替换成用户的 S3 服务的主机名和端口，如 `http://localhost:9000`。该参数只有在用户的服务提供商非 s3.amazonaws.com 时才需要进行配置。

7. 使用 v2 的 S3 签名

一些 S3 服务提供商仅支持 v2 签名。对于这些 S3 提供商，用户可以通过设置 `alluxio.underfs.s3a.signer.algorithm` 为 `S3SignerType` 来强制使用 v2 签名。

3.3.3　使用 S3 在本地运行 Alluxio

配置完成后，用户可以在本地启动 Alluxio，观察一切是否正常运行：

```
$ bin/alluxio format
$ bin/alluxio-start.sh local
```

该命令会在本地分别启动一个 Alluxio Master 进程和一个 Alluxio Worker 进程。用户可以在浏览器中访问 http://localhost:19999 查看 master 的 Web 界面，访问 http://localhost: 30000 查看 worker 的 Web 界面。

在确认 Alluxio Master 和 Alluxio Worker 正常启动之后，用户可以运行一个简单的示例程序：

```
$ bin/alluxio runTests
```

运行成功后，访问用户的 S3 目录 `S3_BUCKET/S3_DIRECTORY`，确认其中包含了

由 Alluxio 创建的文件和目录。在该测试中，创建的文件名称应该类似于
S3_BUCKET/S3_DIRECTORY/default_tests_files/Basic_CACHE_THROUGH。

最后，用户可以执行以下命令停止运行 Alluxio：

```
$ bin/alluxio-stop.sh local
```

3.4 配置 Google GCS 作为 Alluxio 底层存储

本节介绍如何配置 Alluxio 以使用 Google Cloud Storage（GCS）作为底层存储系统。

3.4.1 准备步骤与基本配置流程

首先，为了在 Alluxio 上使用 GCS，需要创建一个 bucket（或者使用一个已有的 bucket）。用户应该注意自己是在这个 bucket 里准备目录的，用户可以在这个 bucket 里面创建一个新目录，或者使用一个已有的目录。在这个指南中，我们将 GCS bucket 取名为 GCS_BUCKET，bucket 中的目录取名为 GCS_DIRECTORY。如果用户刚接触 GCS，请先阅读 GCS 文档[①]。

其次，用户需要在每台机器上都部署 Alluxio 的可执行包。用户可以参考 1.2.1 节 "下载预编译的 Alluxio 可执行包"，下载并部署 Alluxio 的可执行程序在每一台机器上。对于高级用户，也可以选择参考 1.2.2 节 "编译 Alluxio 源代码"，手动编译成可执行程序。

用户需要通过修改 conf/alluxio-site.properties 来配置 Alluxio 正确地使用 GCS 作为底层存储系统，如果该配置文件尚不存在，则可以根据系统提供的模板文件来创建：

---

① https://cloud.google.com/storage/docs/overview。

```
$ cp conf/alluxio-site.properties.template conf/alluxio-site.properties
```

修改 `conf/alluxio-site.properties` 配置文件来指定一个已有的 GCS bucket 作为 Alluxio 的底层存储系统。在 `conf/alluxio-site.properties` 中添加：

```
alluxio.underfs.address=gs://GCS_BUCKET/GCS_DIRECTORY
```

接下来，用户需要指定 Google 证书来接入 GCS。在 `conf/alluxio-site.properties` 文件中添加：

```
fs.gcs.accessKeyId=<GCS_ACCESS_KEY_ID>
fs.gcs.secretAccessKey=<GCS_SECRET_ACCESS_KEY>
```

在这里，`<GCS_ACCESS_KEY_ID>`和`<GCS_SECRET_ACCESS_KEY>`参数应该替换为用户的 GCS 可互操作存储的 access keys，或者其他包含用户证书的环境变量。

注意，GCS 的可互操作性默认是未启用的。请在 "GCS 设置"[①]中选择可互操作按键来启用可互操作性，然后创建一个新的 key 来获得 `the Access Key` 和 `Secret pair`。

3.4.2　高级参数配置

如果 Alluxio 安全认证被启用，Alluxio 将会遵循底层对象存储的访问权限控制。在 Alluxio 配置中指定的 GCS 证书代表一个 GCS 用户，GCS 服务终端会在用户试图访问 bucket 和对象时检查其权限，如果该 GCS 用户没有访问该 bucket 的权限，将会报权限错误。Alluxio 在第一次将元数据从底层 GCS 加载到 Alluxio 命名空间时，便会同时将其 bucket 的 ACL 也加载到 Alluxio 权限管理元数据中。

1. GCS 用户到 Alluxio 文件所有者的映射关系

在默认情况下，Alluxio 会尝试从证书中解析其 GCS 用户 ID。此外，用户还可

---

① https://console.cloud.google.com/storage/settings。

以配置 `alluxio.underfs.gcs.owner.id.to.username.mapping` 从而指定某个 GCS 用户 ID 到 Alluxio 用户名的映射关系，其配置形式为 "`id1=user1;id2=user2`"。谷歌云存储 ID 也可以在该控制台地址[①]找到，请使用 "Owners" 这一项。

2. GCS ACL 到 Alluxio 权限的映射关系

Alluxio 通过检查 GCS bucket 的读写权限来确定 Alluxio 文件的权限。例如，如果某个 GCS 用户对一个底层 bucket 具有只读权限，在 Alluxio 中该挂载的目录及文件的权限模式将为 `0500`；如果该 GCS 用户具有全部权限，那么权限模式将为 `0700`。

3. 挂载点共享

如果用户想在 Alluxio 命名空间中与其他用户共享 GCS 挂载点，可以开启 `alluxio.underfs.object.store.mount.shared.publicly` 属性。

4. 权限更改

注意，对 Alluxio 目录或文件执行 chown/chgrp/chmod 等命令不会更改其底层 GCS bucket 或对象的权限。

3.4.3 使用 GCS 本地运行 Alluxio

基本配置完成后，用户可以在本地启动 Alluxio，观察一切是否正常运行：

```
$ bin/alluxio format
$ bin/alluxio-start.sh local
```

该命令会在本地分别启动一个 Alluxio Master 和一个 Alluxio Worker 进程。用户可以在浏览器中访问 http://localhost:19999 查看 master 的 Web 界面，访问 http://localhost: 30000 查看 worker 的 Web 界面。

---

① https://console.cloud.google.com/storage/settings。

在确认 Alluxio Master 和 Alluxio Worker 正常启动之后，用户可以运行一个简单的示例程序：

```
$ bin/alluxio runTests
```

运行成功后，访问用户的 GCS 目录 `GCS_BUCKET/GCS_DIRECTORY`，确认其中包含了由 Alluxio 创建的文件和目录。在该测试中，创建的文件名称应该类似于：

```
GCS_BUCKET/GCS_DIRECTORY/default_tests_files/Basic_CACHE_THROUGH
```

最后，用户可以执行以下命令停止运行 Alluxio：

```
$ bin/alluxio-stop.sh local
```

3.5　配置 Azure BLOB Store 作为 Alluxio 底层存储系统

本节将介绍如何配置 Alluxio 以使用 Azure BLOB Store[①]作为底层存储系统。

3.5.1　准备步骤与基本配置流程

为了在 Alluxio 上使用 Azure BLOB Store，在用户的 Azure storage 账户上创建一个新的 container 或使用一个已有的 container。用户应该注意自己是在这个 container 里准备目录，用户可以在这个容器里面创建一个目录或使用一个已有的目录。为了阐述简洁，本节我们将 Azure storage 账户名命名为`<AZURE_ACCOUNT>`，将账户里的容器命名为`<AZURE_CONTAINER>`，并将该 container 里面的目录称为`<AZURE_DIRECTORY>`。用户可以查看更多关于 Azure storage 账户的信息[②]。

[①] https://azure.microsoft.com/en-in/services/storage/blobs/。

[②] https://docs.microsoft.com/en-us/azure/storage/storage-create-storage-account。

1. 作为根目录挂载

用户需要通过修改 `conf/alluxio-site.properties` 来配置 Alluxio 以正确地使用 Azure storage 作为根目录对应的底层存储系统，如果该配置文件尚不存在，则可以根据系统提供的模板文件来创建：

```
$ cp conf/alluxio-site.properties.template conf/alluxio-site.properties
```

修改 `conf/alluxio-site.properties` 配置文件来指定一个已有的 `<AZURE_DIRECTORY>` 作为 Alluxio 的底层文件系统。在 `conf/alluxio-site.properties` 中添加：

```
alluxio.underfs.address=wasb://<AZURE_CONTAINER>@<AZURE_ACCOUNT>.BLOB.
core.windows.net/<AZURE_DIRECTORY>/
```

然后，将以下属性添加到 `conf/alluxio-site.properties` 来指定 Azure 用户证书：

```
fs.azure.account.key.<AZURE_ACCOUNT>.BLOB.core.windows.net=<YOUR  ACCESS
KEY>
```

2. 作为子目录挂载

Azure BLOB Store 位置可以挂载到 Alluxio 命名空间中的嵌套目录中，以便统一访问到多个底层存储系统。

```
$ ./bin/alluxio fs mount --option fs.azure.account.key.<AZURE_ACCOUNT>.
BLOB.core.windows.net=<AZURE_ACCESS_KEY>\
  /mnt/azure  wasb://<AZURE_CONTAINER>@<AZURE_ACCOUNT>.BLOB.core.windows.
net/<AZURE_DIRECTORY>/
```

完成这些修改后，Alluxio 就可以使用 Azure BLOB Store 作为底层存储系统了。接下来，用户可以使用它本地运行 Alluxio。

3.5.2　使用 Azure BLOB Store 本地运行 Alluxio

配置完成后，用户可以在本地启动 Alluxio，观察一切是否正常运行：

```
$ bin/alluxio format
$ bin/alluxio-start.sh local
```

该命令会在本地分别启动一个 Alluxio Master 进程和一个 Alluxio Worker 进程。用户可以在浏览器中访问 http://localhost:19999 查看 master 的 Web 界面，访问 http://localhost: 30000 查看 worker 的 Web 界面。

在确认 Alluxio Master 和 Alluxio Worker 正常启动之后，用户可以运行一个简单的示例程序：

```
$ bin/alluxio runTests
```

运行成功后，用户可以访问用户的容器<AZURE_CONTAINER>，确认其中包含了由 Alluxio 创建的文件和目录。该测试中，创建的文件名应该类似于：

```
<AZURE_CONTAINER>/<AZURE_DIRECTORY>/default_tests_files/BASIC_CACHE_PROMOTE_CACHE_THROUGH
```

最后，用户可以执行以下命令停止运行 Alluxio：

```
$ bin/alluxio-stop.sh local
```

## 第4章

Alluxio 与上层计算框架的集成

作为一个分布式文件系统，Alluxio 能够为众多大数据计算系统和应用提供统一的数据访问方式，得益于 Alluxio 的 HDFS 兼容接口。现有很多大数据分析应用，如 Spark 和 MapReduce 程序，可以不修改代码而直接在 Alluxio 上运行。在本章中，我们将首先介绍 Alluxio Shell 提供的管理员及用户命令行接口，然后介绍 Alluxio 与 Hadoop 命令行的集成，最后分别介绍如何配置 Hadoop MapReduce、Spark、Hive、Presto 及 TensorFlow 使用 Alluxio 文件系统。

4.1 Alluxio 的管理员操作命令

Alluxio 管理员操作命令接口为管理员提供了管理 Alluxio 文件系统的操作。用户可以不加参数，直接执行 `fsadmin` 命令来获取所有子命令：

```
$ ./bin/alluxio fsadmin
Usage: alluxio fsadmin [generic options]
    [backup [directory] [--local]]
    [doctor [category]]
    [report [category] [category args]]
    [ufs [--mode <noAccess/readOnly/readWrite>] <ufsPath>]
```

4.1.1　操作命令列表

Alluxio 的管理员操作命令详细说明如表 4-1 所示。

表 4-1　Alluxio 管理员操作命令列表

命　　令	语　　法	描　　述
backup	backup [directory] [--local]	将所有 Alluxio 文件系统元数据备份到指定的备份目录中
doctor	doctor [category]	显示 Alluxio 错误和警告信息
report	report [category] [category args]	报告 Alluxio 集群相关信息
ufs	ufs [--mode <noAccess/readOnly/readWrite>] <ufsPath>	更新底层挂载存储系统的设置

4.1.2　操作命令示例

1. backup 命令

backup 命令创建 Alluxio 文件系统元数据的备份。备份到默认备份目录（由 alluxio.master.backup.directory 属性指定）的命令示例如下：

```
$ ./bin/alluxio fsadmin backup
Successfully backed up journal to hdfs://mycluster/opt/alluxio/backups/
alluxio-backup-2018-5-29-1527644810.gz
```

备份到底层存储中的指定目录的命令示例如下：

```
$ ./bin/alluxio fsadmin backup /alluxio/special_backups
```

```
Successfully backed up journal to hdfs://mycluster/opt/alluxio/backups/
alluxio-backup-2018-5-29-1527644810.gz
```

备份到主机本地文件系统的指定目录的命令示例如下：

```
$ ./bin/alluxio fsadmin backup /opt/alluxio/backups/ --local
Successfully backed up journal to file:///opt/alluxio/backups/alluxio-
backup-2018-5-29-1527644810.gz on master Master2
```

完成上述操作，在重新启动并格式化 Alluxio 系统后，可以通过指定元数据备份地址，从而恢复 Alluxio 备份时的状态：

```
$ bin/alluxio formatMaster
$ bin/alluxio-start.sh -i hdfs://mycluster/opt/alluxio/backups/alluxio-
backup-2018-5-29-1527644810.gz masters
```

2. doctor 命令

doctor 命令诊断 Alluxio 的 Server 端配置错误并显示警告信息。

```
$ ./bin/alluxio fsadmin doctor configuration
```

3. report 命令

report 命令提供了 Alluxio 运行中的集群信息，该命令有若干子命令。

在控制台中展示 Alluxio 集群的信息摘要，具体包括 Web 界面地址、端口、worker 数目和连接状况等。该命令示例如下：

```
$ ./bin/alluxio fsadmin report summary
```

在控制台中展示集群每个 worker 节点的当前容量和使用状况，以及所有 worker 节点的当前总容量和使用状况。该命令示例如下：

```
$ ./bin/alluxio fsadmin report capacity
```

在控制台中展示集群当前的各项指标。该命令示例如下：

```
$ ./bin/alluxio fsadmin report metrics
```

在控制台中展示集群配置的底层存储系统的情况。该命令示例如下：

```
$ ./bin/alluxio fsadmin report ufs
```

用户可以使用 -h 选项（如 ./bin/alluxio fsadmin -h）来获得帮助信息。

4. ufs 命令

ufs 命令可以更新底层存储挂载点的属性。--mode 选项可用于将底层存储设置为维护模式。目前某些操作可能会受到限制。注意，该输入参数应该是类似于 hdfs://<name-service>/ 格式的根 UFS URI，而不是 hdfs://<name-service>/<folder>。

例如，一个底层存储可以设置为 readOnly 模式来禁止写入操作。通过这种方式，Alluxio 将不会对底层存储尝试任何写入操作。

```
$ ./bin/alluxio fsadmin ufs --mode readOnly hdfs://ns
```

4.2　Alluxio 的用户操作命令

Alluxio 用户命令行能够为用户提供文件系统的基本操作，用户可以不加参数调用 fs 来得到所有子命令：

```
$ ./bin/alluxio fs
Usage: alluxio fs [generic options]
    [cat <path>]
    [checkConsistency [-r] <Alluxio path>]
    ...
```

对于用 Alluxio URI 作为参数的 fs 子命令（如 ls，mkdir）来说，参数既可以是完整的 Alluxio URI alluxio://<master-hostname>:<master-port>/<path>，也可以是没有前缀信息的 /<path>。对于后者，Alluxio 命令行将使用 conf/allluxio-site.properties 中设置的默认主机名（属性 alluxio.master.address）和端口（属性 alluxio.master.port）构造对应的前缀。

需要路径参数的命令可以使用通配符简化输入，例如，下列示例命令会删除 /data 目录下所有以 2014 为文件名前缀的文件：

```
$ ./bin/alluxio fs rm '/data/2014*'
```

注意，有些本地操作系统的 shell 会尝试自动补全输入路径，从而引起错误（但以下例子中的数字可能不是 21，这取决于用户的本地文件系统中匹配文件的个数）：

```
rm takes 1 arguments, not 21
```

作为绕开这个问题的一种方式，用户可以禁用自动补全功能（视具体 shell 而定，如 set -f），或者使用转义通配符，如下所示：

```
$ ./bin/alluxio fs cat /\\*
```

注意，上述命令末尾是两个转义符号，这是因为该 shell 脚本最终会调用一个 Java 程序运行，该 Java 程序将获取转义输入参数（cat /*）。

4.2.1 操作命令列表

Alluxio 的用户操作命令详细说明如表 4-2 所示。

表 4-2　Alluxio 用户操作命令列表

命　　令	语　　法	描　　述
cat	cat <path>	将 Alluxio 中 path 路径的文件内容输出到控制台中
checkConsistency	checkConsistency <path>	检查 Alluxio 与底层存储系统的元数据的一致性
checksum	checksum <path>	计算一个文件的 MD5 校验码
chgrp	chgrp <group> <path>	修改 Alluxio 中的文件或目录的所属组
chmod	chmod　　　<permission> <path>	修改 Alluxio 中文件或目录的访问权限
chown	chown <owner> <path>	修改 Alluxio 中文件或目录的所有者

续表

命　　令	语　　法	描　　述
copyFromLocal	copyFromLocal <localPath> <remotePath>	将"localPath"指定的本地文件系统中的文件复制到 Alluxio 中"remotePath"指定的路径
copyToLocal	copyToLocal <remotePath> <localPath>	将"remotePath"指定的 Alluxio 中的文件复制到本地文件系统"localPath"中
count	count <path>	输出"path"中所有名称与一个给定前缀的文件及目录的匹配总数
cp	cp <src> <dst>	在 Alluxio 文件系统中复制一个文件或目录
du	du <path>	输出一个指定的文件或目录的大小
free	free <path>	将 Alluxio 中的文件或目录移除，但是如果该文件或目录存在于底层存储中，那么仍然可以在底层存储中访问
getCapacityBytes	getCapacityBytes	获取 Alluxio 文件系统的容量
getUsedBytes	getUsedBytes	获取 Alluxio 文件系统已使用的字节数
help	help [cmd]	输出给定命令的帮助信息；如果没有给定命令，输出所有支持的命令的帮助信息
leader	leader	输出当前 Alluxio primary master 节点的主机名
load	load <path>	将底层文件系统的文件或目录加载到 Alluxio 中
location	location <path>	输出包含某个文件数据的主机
ls	ls <path>	列出给定路径下的所有文件和目录的信息,例如,大小、用户组信息、权限、是否被缓存等
masterInfo	masterInfo	输出与 Alluxio Master 容错相关的信息，例如,primary master 的地址、所有 master 的地址列表及配置的 ZooKeeper 地址
mkdir	mkdir <path> ...	在给定路径下创建目录及其需要的父目录。多个路径用空格或 Tab 键进行分隔,如果其中的任何一个路径已经存在,该命令失败

命 令	语 法	描 述
mount	mount \<path> \<uri>	将底层文件系统的"URI"路径挂载到 Alluxio 命名空间中的"path"路径下，"path"路径事先不能存在并由该命令生成。执行该命令本身不会从底层文件系统加载任何数据。当挂载完成后，对该挂载路径下的操作会同时作用于底层文件系统的挂载点
mv	mv \<source> \<destination>	将"source"指定的文件或目录移动到"destination"指定的新路径。如果"destination"已经存在，则该命令失败
persist	persist \<path>	将仅存在于 Alluxio 中的文件或目录持久化到底层文件系统中
pin	pin \<path>	将给定文件锁定在 Alluxio 中以防止被替换。如果是目录，递归作用于其子文件及里面新创建的文件
report	report \<path>	向 master 报告一个文件已经丢失
rm	rm \<path>	删除一个文件或目录
setTtl	setTtl \<path> \<time>	设置一个文件的 TTL，单位为毫秒
stat	stat \<path>	显示文件和目录指定路径的信息
tail	tail \<path>	将指定文件的最后 1KB 内容输出到控制台
test	test \<path>	测试路径属性，如果属性正确，返回 0，否则返回 1
touch	touch \<path>	在指定路径创建一个空文件
unmount	unmount \<path>	卸载挂载在 Alluxio 中"path"指定路径上的底层文件路径，Alluxio 中该挂载点的所有对象都会被删除，但底层文件系统会将其保留
unpin	unpin \<path>	将一个文件解除锁定（从而可以对其剔除），如果是目录则递归作用
unsetTtl	unsetTtl \<path>	取消文件的 TTL 设置

4.2.2　操作命令示例

1. cat 命令

cat 命令将 Alluxio 中的一个文件内容全部输出至控制台中。如果用户想将文件复制到本地文件系统中，可以使用 copyToLocal 命令。

例如，当测试一个新的计算任务时，cat 命令可以用来快速确认其输出结果是否和预想的一致：

```
$ ./bin/alluxio fs cat /output/part-00000
```

2. checkConsistency 命令

checkConsistency 命令会对比某个给定路径下 Alluxio 及底层存储系统的元数据，如果该路径是一个目录，那么其所有子内容都会被对比。该命令返回包含所有不一致的文件和目录的列表，由系统管理员决定是否对这些不一致数据进行调整。为了防止 Alluxio 与底层存储系统的元数据不一致，应将所有操作设置为通过 Alluxio 来修改文件和目录，而不是直接访问底层存储系统进行修改。

如果使用了 -r 选项，那么 checkConsistency 命令会修复不一致的文件或目录，只存在于底层存储的文件或目录会从 Alluxio 中删除。对于底层文件系统中内容发生变化的文件，该文件的元数据会重新加载到 Alluxio。

注意，该命令需要请求被检查目录子树的读锁，这意味着在该命令完成之前，无法对该目录子树的文件或目录进行写操作或更新操作。

例如，checkConsistency 命令可以用来周期性地检查命名空间的完整性：

```
# List each inconsistent file or directory
$ ./bin/alluxio fs checkConsistency /

# Repair the inconsistent files or directories
$ ./bin/alluxio fs checkConsistency -r /
```

3. checksum 命令

`checksum` 命令输出某个 Alluxio 文件的 MD5 值。

例如，`checksum` 命令可以用来验证 Alluxio 中的文件内容与存储在底层文件系统或本地文件系统中的文件内容是否匹配：

```
$ ./bin/alluxio fs checksum /LICENSE
md5sum: bf0513403ff54711966f39b058e059a3
$ md5 LICENSE
MD5 (LICENSE) = bf0513403ff54711966f39b058e059a3
```

4. chgrp 命令

`chgrp` 命令可以改变 Alluxio 中的文件或目录的所属组，Alluxio 支持 POSIX 标准的文件权限。组在 POSIX 文件权限模型中是一个授权实体，文件所有者或超级用户可以执行这条命令从而改变一个文件或目录的所属组。

加上 `-R` 选项可以递归地改变目录中子文件和子目录的所属组。

例如，使用 `chgrp` 命令变更一个文件的所属组为 `alluxio-group-new`：

```
$ ./bin/alluxio fs chgrp alluxio-group-new /input/file1
```

5. chmod 命令

`chmod` 命令修改 Alluxio 中文件或目录的访问权限，可以用三位八进制的数字来指定访问权限，分别对应文件所有者、所属组及其他用户的权限。八进制数值与 POSIX 权限的对应关系如表 4-3 所示。

表 4-3　八进制数值与 POSIX 权限的对应关系

数　　值	POSIX 权限	rwx
7	读，写，执行	rwx
6	读，写	rw-
5	读，执行	r-x

续表

数　值	POSIX 权限	rwx
4	只读	r--
3	写，执行	-wx
2	只写	-w-
1	只执行	--x
0	无	---

加上-R 选项可以递归地改变目录中子文件和子目录的权限。

例如，使用 chmod 命令修改一个文件的权限 rwxr-xr-x：

```
$ ./bin/alluxio fs chmod 755 /input/file1
```

6. chown 命令

chown 命令用于修改 Alluxio 中文件或目录的所有者。出于安全方面的考虑，只有 Alluxio 文件系统的超级用户才能够更改一个文件的所有者。

加上-R 选项可以递归地改变目录中子文件和子目录的所有者。

例如，使用 chown 命令将一个文件的所有者变更为 alluxio-user：

```
$ ./bin/alluxio fs chown alluxio-user /input/file1
```

7. copyFromLocal 命令

copyFromLocal 命令将本地文件系统中的文件复制到 Alluxio 中，如果用户执行该命令的机器上有 Alluxio Worker，那么数据便会被存放在这个 worker 上。否则，数据将会被随机地复制到一个运行 Alluxio Worker 的远程节点上。如果该命令指定的目标是一个目录，那么这个目录及其所有内容都会被递归地复制到 Alluxio 中。

例如，使用 copyFromLocal 命令可以将数据复制到 Alluxio 系统中以便后续处理：

```
$ ./bin/alluxio fs copyFromLocal /local/data /input
```

8. copyToLocal 命令

`copyToLocal` 命令将 Alluxio 中的文件或目录复制到本地文件系统中。如果该命令指定的目标是一个目录，则该目录及其所有内容都会被递归地复制到 Alluxio 中。

例如，使用 `copyToLocal` 命令可以将输出数据下载下来，从而进行后续研究或调试：

```
$ ./bin/alluxio fs copyToLocal /output/part-00000 part-00000
$ wc -l part-00000
```

9. count 命令

`count` 命令输出 Alluxio 中所有名称与一个给定前缀匹配的文件和目录的总数，以及它们总的大小。该命令对目录中的内容递归处理。当用户对文件有预定义命名习惯时，`count` 命令很有用。

例如，若文件是以它们的创建日期命名，使用 `count` 命令可以获取任何日期、月份和年份的所有文件的数目及它们总的大小：

```
$ ./bin/alluxio fs count /data/2014
```

10. cp 命令

`cp` 命令复制 Alluxio 文件系统中的一个文件或目录，也可以在本地文件系统和 Alluxio 文件系统之间相互复制。`file://` 表示本地文件系统，`alluxio://` 或不写前缀表示 Alluxio 文件系统。

如果使用了 `-R` 选项，并且源路径是一个目录，使用 `cp` 命令可以将源路径下的整个子树复制到目标路径。

例如，使用 `cp` 命令可以把本地文件 `/tmp/file1` 复制到 Alluxio 目录 `/data` 中：

```
$ ./bin/alluxio fs cp file:///tmp/file1 /data/
```

11. du 命令

du 命令输出指定文件或目录的大小。如果指定目标为目录，该命令输出该目录下所有子文件及子目录中内容的大小总和。

例如，如果 Alluxio 空间被过分使用，使用 du 命令可以检测到哪些目录占用了大部分空间：

```
$ ./bin/alluxio fs du /\\*
```

12. free 命令

free 命令将一个文件从 Alluxio 缓存中释放，但不会删除其在底层文件系统中对应的文件。如果命令参数为一个目录，那么会递归作用于其子文件和子目录。free 命令请求被 master 节点接收后会立即返回，但不保证会立即产生效果，因为该文件的数据块可能正在被读取。另外，该操作也不会影响被释放文件的 Alluxio 文件系统元数据，这意味着如果运行 ls 命令，该文件仍然会被显示。

例如，使用 free 命令可以手动清除 /unused/data 目录下所有文件所占用的 Alluxio 的数据缓存。

```
$ ./bin/alluxio fs free /unused/data
```

13. getCapacityBytes 命令

getCapacityBytes 命令返回 Alluxio 被配置的最大字节数容量。

例如，通常使用 getCapacityBytes 命令能够确认用户的系统是否正确启动。

```
$ ./bin/alluxio fs getCapacityBytes
```

14. getUsedBytes 命令

getUsedBytes 命令返回 Alluxio 中已经使用的空间字节数。

例如，使用 `getUsedBytes` 命令能够监控集群健康状态。

```
$ ./bin/alluxio fs getUsedBytes
```

15. help 命令

`help` 命令打印一个给定的 `fs` 子命令的帮助信息。如果没有给定，则打印所有支持的子命令的帮助信息。

例如，列出所有 `fs` 的子命令：

```
$ ./bin/alluxio fs help
```

显示 `ls` 命令的帮助信息：

```
$ ./bin/alluxio fs help ls
```

16. leader 命令

`leader` 命令打印当前 Alluxio 的 primary master 节点主机名：

```
$ ./bin/alluxio fs leader
```

17. load 命令

`load` 命令将底层文件系统中的数据加载到 Alluxio 中。如果执行该命令的机器上正在运行一个 Alluxio Worker，那么数据将被加载到该 worker 上。否则，数据会被随机加载到一个 worker 上。如果该文件已经在 Alluxio 中存在，设置了`--local`选项，并且有本地 worker，则数据将移动到该 worker 上，否则该命令不进行任何操作。如果该命令的目标是一个目录，那么其子文件和子目录会被递归载入。注意，当文件或目录较大时，该命令可能会运行得很慢。

例如，使用 `load` 命令能够获取用于数据分析作用的数据。

```
$ ./bin/alluxio fs load /data/today
```

18. location 命令

`location` 命令返回包含一个给定文件的数据块的所有 Alluxio Worker 的地址。

例如，当使用 Spark 或 MapReduce 计算作业时，使用 `location` 命令可以调试数据局部性。

```
$ ./bin/alluxio fs location /data/2015/logs-1.txt
```

19. ls 命令

`ls` 命令列出一个目录下的所有子文件和子目录，以及文件大小、上次修改时间、文件的内存状态。对一个文件使用 `ls` 命令仅仅会显示该文件的信息。如果 Alluxio 还没有这部分元数据，`ls` 命令也会将任意文件或目录下子目录的元数据从底层存储系统加载到 Alluxio 命名空间。`ls` 命令查询底层文件系统中匹配给定路径的文件或目录，然后会在 Alluxio 中创建一个该文件的镜像文件。只有元数据（如文件名和大小）会以这种方式加载而不发生数据传输。Is 命令选项如下所示。

（1）`-d` 选项将目录作为普通文件列出。例如，`ls -d /` 显示根目录的属性。

（2）`-f` 选项强制加载目录中的子目录的元数据。默认方式下，只有当目录首次被列出时，才会加载元数据。

（3）`-h` 选项以易于阅读的方式显示文件大小。

（4）`-p` 选项列出所有固定的文件。

（5）`-R` 选项可以递归地列出输入路径下的所有子文件和子目录，并列出从输入路径开始的所有子树。

（6）`--sort` 选项按给定的选项对结果进行排序。可能的值为 `size|creationTime|inMemoryPercentage|lastModificationTime|path`。

（7）`-r` 选项反转排序的顺序。

例如，使用 ls 命令可以浏览文件系统。

```
$ ./bin/alluxio fs mount /s3/data s3a://data-bucket/
# Loads metadata for all immediate children of /s3/data and lists them.
$ ./bin/alluxio fs ls /s3/data/
#
# Forces loading metadata.
$ aws s3 cp /tmp/somedata s3a://data-bucket/somedata
$./bin/alluxio fs ls -f /s3/data
#
# Files are not removed from Alluxio if they are removed from the UFS (s3
here) only.
$ aws s3 rm s3a://data-bucket/somedata
$ ./bin/alluxio fs ls -f /s3/data
```

20. masterInfo 命令

masterInfo 命令打印与 Alluxio Master 容错相关的信息。如果 Alluxio 运行在单 master 模式下，masterInfo 命令会打印出该 master 的地址；如果 Alluxio 运行在多 master 容错模式下，masterInfo 命令会打印出当前的 primary master 地址、所有 master 的地址列表及 ZooKeeper 的地址。

例如，使用 masterInfo 命令可以打印与 Alluxio Master 容错相关的信息。

```
$ ./bin/alluxio fs location /data/2015/logs-1.txt
```

21. mkdir 命令

mkdir 命令在 Alluxio 中创建一个新的目录。该命令会自动递归创建尚不存在的父目录。注意，在该目录中的某个文件被持久化到底层文件系统之前，该目录不会在底层文件系统中被创建。对一个无效的或已存在的路径使用 mkdir 命令会失败。

例如，管理员使用 mkdir 命令可以创建一个基本目录结构。

```
$ ./bin/alluxio fs mkdir /users
```

```
$ ./bin/alluxio fs mkdir /users/Alice
$ ./bin/alluxio fs mkdir /users/Bob
```

22. mount 命令

mount 命令将一个底层存储中的路径链接到 Alluxio 路径。并且，在 Alluxio 中该路径下创建的文件和目录会在对应的底层文件系统路径进行备份。访问统一命名空间（见 5.2 节）获取更多相关信息。mount 命令选项如下所示。

（1）--readonly 选项在 Alluxio 中设置挂载点为只读。

（2）--option <key>=<val> 选项传递一个属性到此挂载点（如 S3 credential）。

例如，使用 mount 命令可以让其他存储系统（如 HDFS 及 S3）中的数据在 Alluxio 中也能获取。

```
$ ./bin/alluxio fs mount /mnt/hdfs hdfs://host1:9000/data/
$ ./bin/alluxio fs mount --option aws.accessKeyId=<accessKeyId> \
  --option aws.secretKey=<secretKey>\
  /mnt/s3 s3a://data-bucket/
```

23. mv 命令

mv 命令将 Alluxio 中的文件或目录移动到其他路径。目标路径一定不能事先存在或是一个目录。如果是一个目录，那么该文件或目录会成为该目录的子文件或子目录。mv 命令仅仅对元数据进行操作，不会影响该文件的数据块。mv 命令不能在不同底层存储系统的挂载点之间操作。

例如，使用 mv 命令可以将过时数据移动到非工作目录。

```
$ ./bin/alluxio fs mv /data/2014 /data/archives/2014
```

24. persist 命令

persist 命令将 Alluxio 中的数据持久化到底层文件系统中。该命令是对数据的操作，因而其执行时间取决于该文件的大小。在持久化结束后，该文件即在底层文件系统中有了备份，因而该文件在 Alluxio 中的数据块被剔除甚至丢失的情况下，仍能够访问。

例如，在从一系列临时文件中过滤出包含有用数据的文件后，便可以使用 persist 命令对其进行持久化操作。

```
$ ./bin/alluxio fs persist /tmp/experimental-logs-2.txt
```

25. pin 命令

pin 命令会对 Alluxio 中的文件或目录进行锁定。如果一个文件在 Alluxio 中被锁定了，该文件的任何数据块都不会从 Alluxio Worker 中剔除。该命令只针对元数据进行操作，不会导致任何数据被加载到 Alluxio 中。注意，如果存在过多的被锁定的文件，Alluxio Worker 将会剩余少量存储空间，从而导致无法对其他文件进行缓存。

例如，如果管理员对作业运行流程十分清楚，那么可以使用 pin 命令手动提高性能。

```
$ ./bin/alluxio fs pin /data/today
```

26. report 命令

report 命令在 Alluxio Master 标记一个文件为丢失状态。该命令应当只对使用 Lineage API 创建的文件使用。将一个文件标记为丢失状态，将导致 master 调度重新计算作业，从而重新生成该文件。

例如，使用 report 命令可以强制重新计算生成一个文件。

```
$ ./bin/alluxio fs report /tmp/lineage-file
```

27. rm 命令

rm 命令将一个文件从 Alluxio 及底层文件系统中删除。该命令返回后，该文件便立即不可获取，但实际的数据需要过一段时间才被真正删除。

加上-R 选项可以递归地删除目录中的所有内容后再删除目录自身。加上-U 选项，则在尝试删除持久化目录之前不会检查将要删除的 UFS 内容是否与 Alluxio 一致。

例如，使用 rm 命令可以删除不再需要的临时文件。

```
$ ./bin/alluxio fs rm /tmp/unused-file
```

28. setTtl 命令

setTtl 命令设置一个文件或目录的 TTL，默认单位为毫秒。如果当前时间大于该文件的创建时间与 TTL 之和时，行动参数--action 将指示要执行的操作："--action delete"操作（默认）将同时删除 Alluxio 和底层文件系统中的文件，而 "--action free" 操作将仅释放文件在 Alluxio 缓存中的容量，但仍然保留底层文件系统中的文件。

例如，管理员在知道某些文件经过一天后便没用时，可以使用带有 delete 操作的 setTtl 命令来清理文件。

```
$ ./bin/alluxio fs setTtl --action delete /data/good-for-one-day 1d
```

如果仅希望为 Alluxio 释放更多的空间，可以使用带有 free 操作的 setTtl 命令来清理 Alluxio 中的文件内容。

```
$ ./bin/alluxio fs setTtl --action free /data/good-for-one-day 1d
```

29. stat 命令

stat 命令将一个文件或目录的主要信息输出到控制台,这主要在用户调试系统时使用。一般来说，在 Web UI 上查看文件信息要容易理解得多。

可以指定-f <arg>来按指定格式显示以下信息。

（1）"%N"：文件名。

（2）"%z"：文件大小（单位为 Byte）。

（3）"%u"：文件拥有者。

（4）"%g"：拥有者所在组名。

（5）"%y"或"%Y"：编辑时间，%y 指定显示格式为'yyyy-MM-dd HH:mm:ss'（UTC 日期），%Y 为自从 January 1,1970 UTC 以来的毫秒数。

（6）"%b"：为文件分配的数据块数。

例如，使用 stat 命令能够获取一个文件的数据块位置，这在获取计算任务中的数据局部性时非常有用。

```
# Displays file's stat
./bin/alluxio fs stat /data/2015/logs-1.txt
#
# Displays directory's stat
./bin/alluxio fs stat /data/2015
#
# Displays the size of file
./bin/alluxio fs stat -f %z /data/2015/logs-1.txt
```

30. tail 命令

tail 命令将一个文件的最后 1KB 内容输出到控制台。

例如，使用 tail 命令可以确认一个作业的输出是否符合格式要求或包含期望的值。

```
$ ./bin/alluxio fs tail /output/part-00000
```

31. test 命令

test 命令测试路径的属性，如果属性为真，返回 0，否则返回 1。test 命令的选项如下所示。

（1）-d 选项：测试路径是否为目录。

（2）-e 选项：测试路径是否存在。

（3）-f 选项：测试路径是否为文件。

（4）-s 选项：测试路径是否为空。

（5）-z 选项：测试文件长度是否为 0。

例如，使用 test 命令可以确认一个测试路径是否为目录。

```
$ ./bin/alluxio fs test -d /someDir
$ echo $?
```

32. touch 命令

touch 命令创建一个空文件。由该命令创建的文件不能被覆写，大多数情况是用作标记。

例如，使用 touch 命令可以创建一个空文件，用于标记一个目录的分析任务完成了。

```
$ ./bin/alluxio fs touch /data/yesterday/_DONE_
```

33. unmount 命令

unmount 命令将一个 Alluxio 路径和一个底层文件系统中的目录的链接断开。该挂载点的所有元数据和文件数据都会被删除，但底层文件系统会将其保留。

例如，当不再需要一个底层存储系统中的数据时，使用 unmont 命令可以移除该底层存储系统。

```
$ ./bin/alluxio fs unmount /s3/data
```

34. unpin 命令

unpin 命令将解除锁定在 Alluxio 中的文件或目录。该命令仅作用于元数据，不会剔除或删除任何数据块。一旦文件被解除锁定，Alluxio Worker 可以剔除该文件的数据块。

例如，当管理员知道数据访问模式发生改变时，可以使用 unpin 命令。

```
$ ./bin/alluxio fs unpin /data/yesterday/join-table
```

35. unsetTtl 命令

unsetTtl 命令删除 Alluxio 中一个文件的 TTL。该命令仅作用于元数据，不会剔除或删除 Alluxio 中的数据块。该文件的 TTL 值可以由 setTtl 命令重新设置。

例如，在一些特殊情况下，当一个原本自动管理的文件需要手动管理时，可以使用 unsetTtl 命令。

```
$ ./bin/alluxio fs unsetTtl /data/yesterday/data-not-yet-analyzed
```

4.3 Alluxio 与 Hadoop 操作命令行的集成

由于 Alluxio 提供兼容 HDFS 的接口，用户也可以使用 Hadoop HDFS 提供的操作命令行来和 Alluxio 交互。

4.3.1 前期准备与配置

用户需要设置环境变量 HADOOP_CLASSPATH，使执行 hadoop fs 命令时创建的客户端可以找到并使用 Alluxio 客户端 jar 包。用户可以直接在 shell 中设置，也可以通过在 conf/hadoop-env.sh 文件中修改 $HADOOP_CLASSPATH 进行设置：

```
export HADOOP_CLASSPATH=
/<PATH_TO_ALLUXIO>/client/alluxio-1.8.1-client.jar:${HADOOP_CLASSPATH}
```

如果是运行在 Hadoop 1.x 的集群之上，请将以下属性添加到 Hadoop 安装目录下的 `core-site.xml` 文件中：

```
<property>
  <name>fs.alluxio.impl</name>
  <value>alluxio.hadoop.FileSystem</value>
</property>
```

该配置确保用户的 MapReduce 程序可以识别以 `alluxio://`开头的输入/输出文件 URI。

4.3.2　具体使用示例

用户可以像使用 HDFS 文件系统一样和 Alluxio 文件系统交互。例如，查看 Alluxio 文件系统的根目录：

```
$ hadoop fs -ls alluxio://localhost:19998/
```

再如，在 Alluxio 文件系统根目录下创建一个名为 mydir 的子目录：

```
$ hadoop fs -mkdir alluxio://localhost:19998/mydir
```

然后删除这个刚创建的名为 mydir 的子目录：

```
$ hadoop fs -rmdir alluxio://localhost:19998/mydir
```

4.4　Alluxio 与 Hadoop MapReduce 的集成

本节介绍如何配置和运行 Hadoop MapReduce 程序以从 Alluxio 上输入/输出文件。由于 Alluxio 提供与 HDFS 兼容的文件系统接口，Hadoop MapReduce 与 Alluxio 的集成操作相对简单、直观。

4.4.1 前期准备与配置

下面我们将详细介绍 Alluxio 与 Hadoop MapReduce 集成需要进行的详细配置操作。

4.4.1.1 配置 Alluxio 客户端的环境

为了使 MapReduce 应用可以与 Alluxio 通信，Alluxio 客户端 jar 包必须被分发到 MapReduce 所运行的不同节点上，并设置在相应的 CLASSPATH 中。我们建议用户直接从 Alluxio 下载页面[①]下载压缩包。有高级需求的用户也可以选择使用源代码来编译生成 Alluxio 客户端 jar 包。Alluxio 客户端 jar 包位于 /<PATH_TO_ALLUXIO>/client/alluxio-1.8.1-client.jar。

下面介绍两种常用的方法。

1. 使用 -libjars 命令行选项上传 Alluxio 客户端 jar 包

用户可以在使用 hadoop jar ... 提交 MapReduce 作业的时候加入 -libjars 命令行选项，并指定 /<PATH_TO_ALLUXIO>/client/alluxio-1.8.1-client.jar 为 -libjars 的参数。这条命令会把该 jar 包放到 Hadoop 的 Distributed Cache 中，使所有节点都可以访问到。例如，下面的命令就是将本地的 Alluxio 客户端 jar 包添加到 -libjars 选项中。

```
$ bin/hadoop jar share/hadoop/mapreduce/hadoop-mapreduce-examples-2.7.3.jar
wordcount -libjars /<PATH_TO_ALLUXIO>/client/alluxio-1.8.1-client.jar
<INPUT FILES> <OUTPUT DIRECTORY>
```

有时候，用户还需要设置环境变量 HADOOP_CLASSPATH，让执行 hadoop jar 命令时创建的客户端可以找到并使用 Alluxio 客户端 jar 包。用户可以在 shell 中直接设置，也可以通过在 conf/hadoop-env.sh 文件中修改 $HADOOP_CLASSPATH 进行设置。

---

① http://www.alluxio.io/download。

```
export HADOOP_CLASSPATH=
/<PATH_TO_ALLUXIO>/client/alluxio-1.8.1-client.jar:${HADOOP_CLASSPATH}
```

2. 手动将 Alluxio 客户端 jar 包分发到所有节点

为了在每个节点访问 Alluxio，有两种选择：一种选择是将 Alluxio 客户端 jar 包 /<PATH_TO_ALLUXIO>/client/ alluxio-1.8.1-client.jar 置于每个 MapReduce 节点的 $HADOOP_HOME/lib 目录下（由于版本不同也可能是其他路径，如 $HADOOP_HOME/share/hadoop/ common/lib），然后重新启动 Hadoop。另一种选择是在用户的 Hadoop 部署中，把这个 jar 包所在的路径添加到 mapreduce.application.classpath 系统属性中，确保 jar 包在 classpath 上。当该 jar 包已经在每个节点上的时候，就没有必要使用 -libjars 命令行选项了。

4.4.1.2　配置 Hadoop 1.x 的参数

如果是 Hadoop 1.x 的集群，请将以下属性添加到 Hadoop 的安装目录下的 core-site.xml 文件中：

```
<property>
  <name>fs.alluxio.impl</name>
  <value>alluxio.hadoop.FileSystem</value>
  <description>The Alluxio FileSystem</description>
</property>
```

该配置确保用户的 MapReduce 程序可以识别以 alluxio:// 开头的输入/输出文件 URI。

4.4.1.3　检查 MapReduce 与 Alluxio 的集成（可选）

在运行 MapReduce 之前，Alluxio 1.8 提供的 MapReduce 集成检查工具可以帮助用户确认配置是否正确。

用户可以在 Alluxio 项目目录中执行以下命令：

```
$ checker/bin/alluxio-checker.sh mapreduce
```

这条命令将报告用户在 Alluxio 上运行 MapReduce 的潜在问题。用户可以进一步使用 -h 选项来显示关于该命令的帮助信息。

4.4.2 具体使用示例

本节以 Hadoop 2.7.3 自带的 wordcount 应用为例,演示如何运行一个输入、输出均在 Alluxio 上的 MapReduce 程序。

首先,确保 Hadoop 正常启动运行。通过执行以下命令启动 Hadoop(根据 Hadoop 的版本,用户可能需要把 ./bin 换成 ./sbin):

```
$ cd $HADOOP_HOME
$ bin/start-all.sh
```

然后,启动 Alluxio:

```
$ bin/alluxio-start.sh all
```

接着,用户可以在 Alluxio 中导入一个文件,为运行 wordcount 程序做好输入准备。在用户的 Alluxio 目录中执行以下命令:

```
$ bin/alluxio fs copyFromLocal LICENSE /wordcount/input.txt
```

该命令将 Alluxio 目录下的 LICENSE 文件复制到 Alluxio 空间中,并指定其路径为 /wordcount/input.txt。

下面,我们可以运行一个进行词频统计的 MapReduce 作业 wordcount。请将 AlluxioMaster 替换成 Alluxio 服务的 master 节点地址。如果是本地模式运行 Alluxio,则为 localhost。

```
$ bin/hadoop jar share/hadoop/mapreduce/hadoop-mapreduce-examples-2.7.3.
jar wordcount -libjars
/<PATH_TO_ALLUXIO>/client/alluxio-1.8.1-client.jar
alluxio://AlluxioMaster:19998/wordcount/input.txt
alluxio://AlluxioMaster:19998/wordcount/output
```

作业运行完成后，wordcount 的结果将保存在 Alluxio 的 `/wordcount/ output` 目录下。用户可以通过执行以下命令来查看结果文件：

```
$ bin/alluxio fs ls /wordcount/output
$ bin/alluxio fs cat /wordcount/output/part-r-00000
```

4.5　Alluxio 与 Spark 的集成

本节描述了如何使用 Alluxio 为 Apache Spark 提供输入、输出数据。Alluxio 兼容 Spark 1.1 或更新的版本。

4.5.1　前期准备与配置

下面我们将详细介绍 Alluxio 与 Spark 集成需要进行的详细配置操作。

4.5.1.1　设置 Alluxio 客户端的环境

为了使 Spark 应用程序能够在 Alluxio 中读写文件，必须将 Alluxio 客户端 jar 包分布在所有运行 Spark driver 或 executor 进程的节点上，并添加到 Spark 进程的 `CLASSPATH` 中。假设在每个运行 Spark 服务进程的节点上，Alluxio 客户端 jar 包都具有相同的本地路径 `/<PATH_TO_ALLUXIO>/client/alluxio-1.8.1- client.jar`。

添加以下代码到 `spark/conf/spark-defaults.conf` 来确保 Alluxio 的客户端 jar 包被包括在 Spark 的 driver 及 executor 的 classpath 中。

```
spark.driver.extraClassPath
/<PATH_TO_ALLUXIO>/client/alluxio-1.8.1-client.jar
spark.executor.extraClassPath
/<PATH_TO_ALLUXIO>/client/alluxio-1.8.1-client.jar
```

如果 Spark 用户要使用运行在容错模式下的 Alluxio，还需要添加以下内容到

${SPARK_HOME}/conf/spark-defaults.conf 来指明 ZooKeeper 的地址：

```
spark.driver.extraJavaOptions
" -Dalluxio.zookeeper.address=zookeeperHost1:2181,zookeeperHost2:2181
-Dalluxio.zookeeper.enabled=true"

spark.executor.extraJavaOptions
"-Dalluxio.zookeeper.address=zookeeperHost1:2181,zookeeperHost2:2181
-Dalluxio.zookeeper.enabled=true"
```

或者用户可以添加以下内容到 Spark 安装目录下的 Hadoop 配置文件 ${SPARK_HOME}/conf/core-site.xml：

```
<configuration>
  <property>
    <name>alluxio.zookeeper.enabled</name>
    <value>true</value>
  </property>
  <property>
    <name>alluxio.zookeeper.address</name>
    <value>alluxio.zookeeper.address=zookeeperHost1:2181,zookeeperHost2:
2181</value>
  </property>
</configuration>
```

4.5.1.2　检查 Spark 与 Alluxio 的集成情况（可选）

在 Alluxio 上运行 Spark 之前，Alluxio 1.8 提供的 MapReduce 集成检查工具可以帮助用户确认配置是否正确。当前 Spark 集成检查工具仅支持 Spark 2.x。

当用户运行 Saprk 之前，可以在 Alluxio 项目目录执行以下命令：

```
$ checker/bin/alluxio-checker.sh spark
<spark master uri> <spark partition number(optional)>
```

该命令将会报告可能阻止用户在 Alluxio 上运行 Spark 的潜在问题。

用户可以进一步使用-h 选项来显示关于该命令的帮助信息。

4.5.2　使用 Alluxio 作为输入/输出源

本节介绍如何将 Alluxio 作为 Spark 应用的输入/输出源。

1. 读取已经存于 Alluxio 的数据

首先，我们将从本地复制一些数据到 Alluxio 文件系统中。具体地，将文件 LICENSE 放到 Alluxio 中（假定用户正处在 Alluxio 工程目录下）：

```
$ bin/alluxio fs copyFromLocal LICENSE /LICENSE
```

然后，在 spark-shell 中执行以下命令（假定 Alluxio Master 运行在 localhost 上）：

```
> val s = sc.textFile("alluxio://localhost:19998/LICENSE")
> val double = s.map(line => line + line)
> double.saveAsTextFile("alluxio://localhost:19998/Output")
```

最后，打开浏览器，查看 http://localhost:19999/browse，可以发现多出一个输出文件 Output，每一行是由文件 LICENSE 的对应行复制 2 次得到的。

2. 读取来自底层文件系统的数据

Alluxio 支持在给出具体路径时，对用户透明地从底层文件系统中读取数据。本节用 HDFS 作为底层存储系统的一个例子进行介绍。注意，Alluxio 除支持 HDFS 外，还支持其他的底层存储系统。通过改变位于 Server 上的 conf/alluxio-site.properties 文件中的 alluxio.underfs.address 属性可以修改这个设置。

将文件 LICENSE 放到 Alluxio 所挂载的目录下（默认为/alluxio）的 HDFS 中，意味着在这个目录下的 HDFS 中的任何文件都能被 Alluxio 发现。假定 namenode 节点运行在 localhost 上，并且 Alluxio 默认的挂载目录是 alluxio，可以执行以下命令：

```
$ hadoop fs -put -f /alluxio/LICENSE hdfs://localhost:9000/alluxio/LICENSE
```

注意，此时 Alluxio 不会主动感知和载入这个文件。用户可以通过浏览 Web UI 验证这一点。

然后，在 `spark-shell` 中执行以下命令（假定 Alluxio Master 运行在 `localhost`）：

```
> val s = sc.textFile("alluxio://localhost:19998/LICENSE")
> val double = s.map(line => line + line)
> double.saveAsTextFile("alluxio://localhost:19998/Output")
```

打开浏览器，查看 http://localhost:19999/browse，可以发现多出一个输出文件 `Output`，其中每一行都是由文件 `LICENSE` 的对应行复制 2 次得到的。并且，此时文件 `LICENSE` 出现在了 Alluxio 文件系统空间。

3. 使用容错模式

当以容错模式运行 Alluxio 时，因为 ZooKeeper 的地址已经在 executor 或 driver 的 extraJavaOptions 中指定，可以不用指定 Alluxio Master：

```
> val s = sc.textFile("alluxio:///LICENSE")
> val double = s.map(line => line + line)
> double.saveAsTextFile("alluxio:///LICENSE2")
```

4.5.3　Alluxio 与 Spark 集成常见问题分析与解决

我们在 Alluxio 开源社区的用户邮件列表[①]中经常会看到用户提出关于 Alluxio 和 Spark 集成使用的相关问题，为了避免读者重复遇到这些问题，本节详细分析了常见的几种问题并介绍其对应的解决方案。

4.5.3.1　设置主机名来优化数据本地性

如果 Spark 任务的定位应该是 `NODE_LOCAL`，而实际是 `ANY`，可能是因为 Alluxio 和 Spark 使用了不同的网络地址表示，如其中一个使用了主机名，而另一个使用了

---

① https://groups.google.com/forum/#!forum/alluxio-users。

IP 地址来表达主机名。请参考 jira ticket[①]获取更多细节（这里可以找到 Spark 社区的解决方案）。

　　为了与 HDFS 一致，Alluxio 使用主机名表示网络地址。用户启动 Spark 时想要获取数据本地化，可以用 Spark 提供的如下脚本显式指定主机名，以 slave-hostname 启动 Spark Worker：

```
${SPARK_HOME}/sbin/start-slave.sh -h <slave-hostname> <spark master uri>
```

　　举例而言：

```
${SPARK_HOME}/sbin/start-slave.sh -h simple30 spark://simple27:7077
```

　　也可以直接通过设置${SPARK_HOME}/conf/spark-env.sh 里的 SPARK_LOCAL_HOSTNAME 获取数据本地化，如下所示：

```
SPARK_LOCAL_HOSTNAME=simple30
```

　　用以上任何一种方法，Spark Worker 的地址都会变为主机名，并且定位等级变为 NODE_LOCAL，如图 4-1 和图 4-2 所示。

Worker Id	Address	State	Cores	Memory
worker-20151202171001-simple27-58223	simple27:58223	ALIVE	16 (0 Used)	8.0 GB (0.0 B Used)
worker-20151202171104-simple28-58073	simple28:58073	ALIVE	16 (0 Used)	8.0 GB (0.0 B Used)
worker-20151202171107-simple29-56981	simple29:56981	ALIVE	16 (0 Used)	8.0 GB (0.0 B Used)
worker-20151202172311-simple30-49790	simple30:49790	ALIVE	16 (0 Used)	8.0 GB (0.0 B Used)

图 4-1　Spark Worker 地址变为主机名

Index ▲	ID	Attempt	Status	Locality Level	Executor ID / Host	Launch Time	Duration	GC Time	Input Size / Records
0	6	0	SUCCESS	NODE_LOCAL	4 / simple30	2015/12/02 17:17:16	39 s	0.3 s	223.4 MB (hadoop) / 1248668
1	4	0	SUCCESS	NODE_LOCAL	6 / simple27	2015/12/02 17:17:16	38 s	0.3 s	223.7 MB (hadoop) / 1249862
2	2	0	SUCCESS	NODE_LOCAL	2 / simple29	2015/12/02 17:17:16	42 s	0.3 s	223.9 MB (hadoop) / 1251031
3	7	0	SUCCESS	NODE_LOCAL	5 / simple30	2015/12/02 17:17:16	39 s	0.3 s	223.8 MB (hadoop) / 1250518
4	3	0	SUCCESS	NODE_LOCAL	3 / simple29	2015/12/02 17:17:16	43 s	0.3 s	223.9 MB (hadoop) / 1251600
5	5	0	SUCCESS	NODE_LOCAL	7 / simple27	2015/12/02 17:17:16	37 s	0.4 s	223.5 MB (hadoop) / 1248618
6	10	0	SUCCESS	NODE_LOCAL	4 / simple30	2015/12/02 17:17:58	11 s	28 ms	223.6 MB (hadoop) / 1249772
7	8	0	SUCCESS	NODE_LOCAL	7 / simple27	2015/12/02 17:17:55	12 s	26 ms	223.6 MB (hadoop) / 1248932
8	14	0	SUCCESS	NODE_LOCAL	2 / simple29	2015/12/02 17:18:01	12 s	30 ms	223.9 MB (hadoop) / 1250521
9	9	0	SUCCESS	NODE_LOCAL	6 / simple27	2015/12/02 17:17:56	12 s	31 ms	224.0 MB (hadoop) / 1251183

图 4-2　Spark Worker 定位等级变为 NODE_LOCAL

---

① https://issues.apache.org/jira/browse/SPARK-10149。

4.5.3.2 在 Yarn 上运行 Spark 作业的本地性

为了最大化 Spark 作业所能达到数据本地化的数量，应当尽可能多地使用 executor，理想情况下至少每个节点拥有一个 executor。按照 Alluxio 的部署方法，所有计算节点上也应当拥有一个 Alluxio Worker。

当一个 Spark 作业在 Yarn 上运行时，Spark 启动 executors 不会考虑数据的本地化。之后 Spark 在决定怎样为它的 executors 分配任务时会正确地考虑数据的本地化。例如，如果 host1 包含了 blockA 并且使用 blockA 的作业已经在 Yarn 集群上以 --num-executors=1 的方式启动了，Spark 会将唯一的 executor 放置在 host2 上，这种情况下本地化就比较差。但是，如果以--num-executors=2 的方式启动并且 executors 开始于 host1 和 host2 上，Spark 会足够智能地将作业优先放置在 host1 上运行。

4.5.3.3 Spark shell 中 Failed to login 问题

为了用 Alluxio 客户端运行 Spark shell，Alluxio 客户端 jar 包必须被添加到 Spark driver 和 Spark executors 的 classpath 中。可是有时候 Alluxio 不能判断安全用户，从而导致类似于 Failed to login: No Alluxio User is found.的错误。以下是遇到这种问题的解决方案。

在 Spark 1.4.0 和之后的版本中，Spark 为了访问 Hive 元数据使用了独立的 ClassLoader 来加载 Java 类。然而，这个独立的 ClassLoader 忽视了特定的包，并且让主 ClassLoader 去加载"共享"类（Hadoop 的 HDFS 客户端就是一种"共享"类）。Alluxio 客户端也应该由主 ClassLoader 加载，用户可以将 Alluxio 客户端 jar 包添加到配置参数 spark.sql.hive.metastore.sharedPrefixes 中，以通知 Spark 用主 ClassLoader 加载 Alluxio。例如，该参数可以进行如下设置：

```
spark.sql.hive.metastore.sharedPrefixes=
Com.mysql.jdbc,org.postgresql,com.microsoft.sqlserver,oracle.jdbc,alluxio
```

4.6 Alluxio 与 Hive 的集成

本节介绍如何运行 Apache Hive，以能够在不同存储层将 Hive 的表格存储到 Alluxio 中。

4.6.1 安装并配置 Hive 环境

首先，用户需要安装好 Alluxio。然后，下载所需版本的 Hive。在 Hadoop MapReduce 上运行 Hive 之前，请按照在 Alluxio 上运行 MapReduce（参见第 4.4 节）的指南来确保 MapReduce 正常运行在 Alluxio 上。

建议用户直接从 Alluxio 下载页面①下载压缩包。有高级需求的用户可以选择按照官网的说明用源代码来编译 Alluxio 客户端 jar 包。编译之后的 Alluxio 客户端 jar 包可以在/<PATH_TO_ALLUXIO>/client/alluxio-1.8.1-client.jar 中找到。

然后，在 shell 或 conf/hive-env.sh 中设置 HIVE_AUX_JARS_PATH：

```
export HIVE_AUX_JARS_PATH=
/<PATH_TO_ALLUXIO>/client/alluxio-1.8.1-client.jar:${HIVE_AUX_JARS_PATH}
```

有不同的方法可以将 Hive 与 Alluxio 进行整合，例如，Hive 可以将 Alluxio 上的文件作为内部表或外部表，新创建表或已存在表的存储系统。Alluxio 也可以作为 Hive 的默认文件系统。在接下来的部分，我们会介绍如何在这些情况下在 Alluxio 上使用 Hive。本文档中的 Hive 均运行在 Hadoop MapReduce 上。

接下来所有的 Hive 命令行示例同样适用于 Hive Beeline。用户可以在 Beeline shell 中尝试这些例子。

---

① http://www.alluxio.io/download。

4.6.2 使用 Alluxio 存储部分 Hive 表

Hive 可以使用存储在 Alluxio 中的文件来创建新表，这种设置非常直接并且能够独立于其他 Hive 表。该方法的一个使用场景就是将频繁使用的 Hive 表存在 Alluxio 上，从而通过直接从内存中读文件获得高吞吐量和低延迟。

1. 创建新的内部表的 Hive 命令示例

该示例展示了如何在 Alluxio 上创建 Hive 的内部表。用户可以从 http://grouplens.org/datasets/movielens/下载数据文件（如 ml-100k.zip）。然后解压该文件，并且将文件 u.user 上传到 Alluxio 的 ml-100k/下：

```
$ bin/alluxio fs mkdir /ml-100k
$ bin/alluxio fs copyFromLocal /path/to/ml-100k/u.user
alluxio://master_hostname:port//ml-100k
```

然后创建新的内部表：

```
hive> CREATE TABLE u_user (
userid INT,
age INT,
gender CHAR(1),
occupation STRING,
zipcode STRING)
OW FORMAT DELIMITED
FIELDS TERMINATED BY '|'
LOCATION 'alluxio://master_hostname:port/ml-100k';
```

用户可以通过 Hive 命令行创建新的外部表。与前面的例子做同样的设置，然后执行以下命令行：

```
hive> CREATE EXTERNAL TABLE u_user (
userid INT,
age INT,
gender CHAR(1),
occupation STRING,
```

```
zipcode STRING)
ROW FORMAT DELIMITED
FIELDS TERMINATED BY '|'
LOCATION 'alluxio://master_hostname:port/ml-100k';
```

区别是 Hive 会管理内部表的生命周期。当用户删除内部表，Hive 会将 Alluxio 中表的元数据及数据文件都删掉。

现在用户可以通过执行以下命令查询创建的表：

```
hive> select * from u_user;
```

用户也可以在 Alluxio 中使用已经存储在 HDFS 中的表。当 Hive 已经在使用并且管理着存储在 HDFS 中的表时，只要 HDFS 挂载为 Alluxio 的底层存储系统，Alluxio 就可以直接为 Hive 中的这些表提供服务。在这个例子中，我们假设 HDFS 集群已经挂载为 Alluxio 根目录下的底层存储系统（例如，在 conf/alluxio-site.properties 中设置属性 alluxio.underfs.address=hdfs://namenode:port/）。请参考统一命名空间部分（参见 5.2 节）的内容以获取更多关于安装操作的细节。

2. 使用已存在的内部表的 Hive 命令行示例

我们假设属性 hive.metastore.warehouse.dir 设置为默认值/user/hive/warehouse，并且内部表已经像这样创建：

```
hive> CREATE TABLE u_user (
userid INT,
age INT,
gender CHAR(1),
occupation STRING,
zipcode STRING)
ROW FORMAT DELIMITED
FIELDS TERMINATED BY '|';

hive> LOAD DATA LOCAL INPATH '/path/to/ml-100k/u.user'
```

```
OVERWRITE INTO TABLE u_user;
```

下面的 HiveQL 语句会将表数据的存储位置从 HDFS 转移到 Alluxio 中：

```
hive> alter table u_user set location
"alluxio://master_hostname:port/user/hive/warehouse/u_user";
```

然后，验证表的位置是否设置正确：

```
hive> desc formatted u_user;
```

注意，第一次访问 `alluxio://master_hostname:port/user/hive/warehouse/u_user` 中的文件时会被认为是访问 `hdfs://namenode:port/user/hive/warehouse/u_user`（默认的 Hive 内部数据存储位置）中对应的文件；一旦数据被缓存到 Alluxio 中，在接下来的查询中 Alluxio 会使用这些缓存数据来服务查询，而不用再一次从 HDFS 中读取数据。整个过程对于 Hive 和用户是透明的。

3. 使用已存在的外部表的 Hive 命令行示例

假设在 Hive 中有一个已存在的外部表 `u_user`，存储位置设置为 `hdfs://namenode_hostname:port/ml-100k`。用户可以使用下面的 HiveQL 语句来检查它的"位置"属性：

```
hive> desc formatted u_user;
```

然后，使用下面的 HiveQL 语句将表数据的存储位置从 HDFS 转移到 Alluxio 中：

```
hive> alter table u_user set location
"alluxio://master_hostname:port/ml-100k";
```

用户还可以将表的元数据恢复到 HDFS 中。在上面的两个关于将转移表数据的存储位置至 Alluxio 的例子中，用户也可以将表的存储位置恢复到 HDFS 中：

```
hive> alter table TABLE_NAME set location
"hdfs://namenode:port/table/path/in/HDFS";
```

4.6.3　使用 Alluxio 作为默认文件系统（存储全部数据）

Apache Hive 也可以通过一个一般的文件系统接口来替换 Hadoop 文件系统使用 Alluxio。这种方式下，Hive 使用 Alluxio 作为其默认文件系统，它的元数据和中间结果都将存储在 Alluxio 上。

4.6.3.1　配置 Hive 环境参数

首先，添加以下配置项到 Hive 安装目录下的 `conf/hive-site.xml` 中：

```
<property>
  <name>fs.defaultFS</name>
  <value>alluxio://master_hostname:port</value>
</property>
```

然后，如果要启用容错模式，请在配置类路径中的 `alluxio-site.properties` 文件中设置适当的 Alluxio 集群属性，参见下面的示例：

```
alluxio.zookeeper.enabled=true
alluxio.zookeeper.address=[zookeeper_hostname]:2181
```

或者，用户可以将上述属性配置添加到 Hive 的 `hive-site.xml` 配置中，然后将其传播到 Alluxio。

```
<configuration>
  <property>
    <name>alluxio.zookeeper.enabled</name>
    <value>true</value>
  </property>
  <property>
    <name>alluxio.zookeeper.address</name>
    <value>[zookeeper_hostname]:2181</value>
  </property>
</configuration>
```

如果用户还需要对 Hive 指定其他 Alluxio 配置属性，可以将它们添加到每个节点的 Hadoop 配置目录下的 `core-site.xml` 中。例如，将 `alluxio.user.file.`
`writetype.default` 属性由默认的 `MUST_CACHE` 修改成 `CACHE_THROUGH` 等。

4.6.3.2 完全基于 Alluxio 运行 Hive

完成上述配置后，用户可以在 Alluxio 中为 Hive 创建相应目录：

```
$ ./bin/alluxio fs mkdir /tmp
$ ./bin/alluxio fs mkdir /user/hive/warehouse
$ ./bin/alluxio fs chmod 775 /tmp
$ ./bin/alluxio fs chmod 775 /user/hive/warehouse
```

接着，用户可以根据 Hive 使用指南来使用 Hive。用户可以在 Hive 中创建表并
将本地文件加载到 Hive 中，之后就可以使用 http://grouplens.org/datasets/movielens/
中的数据文件 `ml-100k.zip`。

```
hive> CREATE TABLE u_user (
userid INT,
age INT,
gender CHAR(1),
occupation STRING,
zipcode STRING)
ROW FORMAT DELIMITED
FIELDS TERMINATED BY '|'
STORED AS TEXTFILE;
hive> LOAD DATA LOCAL INPATH '/path/to/ml-100k/u.user'
OVERWRITE INTO TABLE u_user;
```

如图 4-3 所示，在浏览器中输入 `http://master_hostname:port` 以访问
Alluxio Web UI，用户可以看到相应的目录及 Hive 创建的文件。

图 4-3　Hive 在 Alluxio 中创建的文件展示

```
hive> select * from u_user;
```

如图 4-4 所示，用户可以在命令行中看到相应的查询结果。

```
16/10/13 20:20:44 INFO ql.Driver: OK
16/10/13 20:20:44 INFO logger.type: getFileStatus(alluxio://localhost:19998/user/hive/warehouse/u_user)
16/10/13 20:20:44 INFO logger.type: listStatus(alluxio://localhost:19998/user/hive/warehouse/u_user)
16/10/13 20:20:44 INFO logger.type: getFileStatus(alluxio://localhost:19998/user/hive/warehouse/u_user)
16/10/13 20:20:44 INFO logger.type: listStatus(alluxio://localhost:19998/user/hive/warehouse/u_user)
16/10/13 20:20:44 INFO logger.type: getFileStatus(alluxio://localhost:19998/user/hive/warehouse/u_user/u.user)
16/10/13 20:20:44 INFO mapred.FileInputFormat: Total input paths to process : 1
16/10/13 20:20:44 INFO logger.type: open(alluxio://localhost:19998/user/hive/warehouse/u_user/u.user, 4096)
1    24    M    technician    85711
2    53    F    other    94043
3    23    M    writer    32067
4    24    M    technician    43537
5    33    F    other    15213
6    42    M    executive    98101
7    57    M    administrator    91344
8    36    M    administrator    05201
9    29    M    student    01002
10   53    M    lawyer    90703
11   39    F    other    30329
12   28    F    other    06405
13   47    M    educator    29206
14   45    M    scientist    55106
15   49    F    educator    97301
16   21    M    entertainment    10309
17   30    M    programmer    06355
```

图 4-4　Hive 命令行中查询到的相应结果

4.6.4　检查 Hive 和 Alluxio 的集成情况（支持 Hive 2.x）

在 Alluxio 上运行 Hive 之前，用户可能需要确保配置已正确设置，以便与 Alluxio 集成。Hive 集成检查器可以帮助用户检查这一点。

具体地，可以在 Alluxio 项目目录中执行以下命令：

```
checker/bin/alluxio-checker.sh hive -hiveurl [HIVE_URL]
```

用户可以使用 -h 选项来进一步显示有关该命令的有用信息。此命令将报告可能会阻止用户在 Alluxio 上正常运行 Hive 的潜在问题。

4.7 Alluxio 与 Presto 的集成

本节介绍如何在 Alluxio 上运行 Presto，让 Presto 能够查询存储在 Alluxio 上的 Hive 表。

4.7.1 前期准备

首先，用户需要下载并安装好 Alluxio。然后，下载 Presto[①]（此文档使用 0.208 版本），并且使用 Hive on Alluxio（见第 4.6 节）完成 Hive 的配置和初始化。Presto 从 Hive metastore 中获取数据库和表的元数据的信息，然后通过表的元数据信息条目来获取表数据所在 HDFS 的位置信息。但是，需要先配置 Presto on HDFS[②]，为了访问 HDFS，需要将 Hadoop 的 `core-site.xml`、`hdfs-site.xml` 配置信息加入 Presto 每个节点的配置文件的 `/<PATH_TO_PRESTO>/etc/catalog/hive.properties` 中的 `hive.config.resources` 等信息中。

如果需要使用高可用集群模式的 Alluxio，则应当在 Hive Classpath 的 `alluxio-site.properties` 文件中正确地配置 Alluxio 集群的属性：

```
alluxio.zookeeper.enabled=true
alluxio.zookeeper.address=[zookeeper_hostname]:2181
```

或者，用户也可以将属性添加到 Hadoop 的 `core-site.xml` 配置中，然后将其传播到 Alluxio：

```
<configuration>
  <property>
    <name>alluxio.zookeeper.enabled</name>
```

---

① https://repo1.maven.org/maven2/com/facebook/presto/presto-server/。

② https://prestodb.io/docs/current/installation/deployment.html。

```
      <value>true</value>
    </property>
    <property>
      <name>alluxio.zookeeper.address</name>
      <value>[zookeeper_hostname]:2181</value>
    </property>
</configuration>
```

类似于上面的配置方法，额外的 Alluxio 设置可以添加到每个节点上 Hadoop 目录下的 `core-site.xml` 文件中。例如，可以如此来将 `alluxio.user.file.writetype.default` 从默认值 `MUST_CACHE` 改为 `CACHE_THROUGH`：

```
<property>
<name>alluxio.user.file.writetype.default</name>
<value>CACHE_THROUGH</value>
</property>
```

用户也可以将 `alluxio-site.properties` 的路径追加到 Presto JVM 配置中，该配置信息在 Presto 目录下的 `etc/jvm.config` 文件中。该方法的优点是只需在 `alluxio-site.properties` 配置文件中设置所有 Alluxio 属性。

```
...
-Xbootclasspath/p:<path-to-alluxio-site-properties>
```

另外，建议用户提高 `alluxio.user.network.netty.timeout` 的值（如 10 分钟），来解决读远程 worker 中的大文件时的超时问题。

用户还可以开启 `hive.force-local-scheduling` 配置，推荐组合使用 Presto 和 Alluxio，这样 Presto 工作节点能够从本地获取数据。Presto 中一个重要的需要开启的选项是 `hive.force-local-scheduling`，开启该选项能使数据分片被调度到恰好处理该分片的 Alluxio 工作节点上。默认情况下，Presto 中 `hive.force-local-scheduling` 设置为 false，并且 Presto 也不会尝试将工作调度到 Alluxio 节点上。

此外，Presto 的 Hive 集成里还设置了 `hive.max-split-size` 参数来控制一

个查询的分布式并行执行粒度。笔者建议将这个值提高到 Alluxio 块大小以上，以防止 Presto 在同一个块上进行多个并行的查找带来的相互阻塞。

4.7.2　部署分发 Alluxio 客户端 jar 包

首先，用户可以直接从 http://www.alluxio.io/download 下载预先编译好的 Alluxio 客户端 jar 包。另外，有高级需求的用户可以按照指南将源代码编译成 Alluxio 客户端 jar 包。编译完成后，用户可以在 `/<PATH_TO_ALLUXIO>/client/alluxio-1.8.1-client.jar` 路径下找到 Alluxio 客户端 jar 包。

然后，用户需要将 Alluxio 客户端 jar 包分发到 Presto 所有节点上：用户必须将 Alluxio 客户端 jar 包部署在所有 Presto 节点的 `$PRESTO_HOME/plugin/hive-hadoop2/` 目录中（针对不同 Hadoop 版本，放到相应的目录下），并且重启所有 coordinator 和 worker。

4.7.3　Presto 操作命令示例

在完成上述安装配置工作之后，用户可以在 Hive 中创建表并且将本地文件加载到 Hive 中。

用户可以从 http://grouplens.org/datasets/movielens/ 下载数据文件。

```
hive> CREATE TABLE u_user (
userid INT,
age INT,
gender CHAR(1),
occupation STRING,
zipcode STRING)
ROW FORMAT DELIMITED
FIELDS TERMINATED BY '|'
STORED AS TEXTFILE;
```

```
hive> LOAD DATA LOCAL INPATH '<path_to_ml-100k>/u.user'
OVERWRITE INTO TABLE u_user;
```

如图 4-5 所示,用户可以在浏览器中输入 `http://master_hostname:19999` 以访问 Alluxio Web UI,用户可以看到相应目录及 Hive 创建的文件。

File Name	Size	Block Size	In-Memory	Mode	Owner	Group
root　user　hive　warehouse　u_user						
🗋 u.user	22.10KB	128.00MB	🗄 100%	-rwxrwxrwx	op1	hadoop

图 4-5　Hive 在 Alluxio 中创建的文件展示

之后,在 Presto client 执行以下查询:

```
/home/path/presto/presto-cli-0.191-executable.jar
--server masterIp:prestoPort --execute "use default;select * from u_user
limit 10;" --user username --debug
```

如图 4-6 所示,用户可以在命令行中看到相应的查询结果。

图 4-6　Presto 命令行中查询到的相应结果

查询日志的相关内容如图 4-7 所示。

图 4-7　查询日志的相关内容

4.8　Alluxio 与 TensorFlow 的集成

随着数据集规模的增大及计算能力的增强，深度学习已成为人工智能的一项流行技术。深度学习的兴起促进了人工智能的发展，但也日益凸显出其在大规模数据访问存储方面的一些问题。在本节中，我们将分析深度学习的工作负载所带来的存储挑战，并介绍 Alluxio 如何帮助应对这些挑战。

4.8.1　深度学习面临的数据挑战

深度学习已成为机器学习的热门，通常更多的数据会带来更好的性能。然而，并非所有存储系统上的数据都可直接对接当前主流的深度学习框架，例如，TensorFlow、Caffe、Torch 等均不可直接对接。事实上，深度学习框架仅可与部分现有存储系统集成。因此，深度学习框架可能无法直接训练某个存储系统上的数据集，从而会导致训练效率和效果降低。

另外，随着分布式存储系统（HDFS、Ceph）和云存储（AWS S3、Azure BLOB Store、Google Cloud Storage）的流行，用户有了多种存储可供选择。然而，相较于容易使用的本地文件系统，用户需要与这些复杂的分布式和远程存储系统进行交互。正确配置这些存储系统并使用这些新工具对于数据分析师用户来说比较困难和烦琐，这导致了深度学习框架访问不同存储系统获取数据面临现实的挑战。

最后，计算资源与存储资源解耦分离的趋势使使用远程存储系统变得更为必要。这在云计算中很常见，使用远程存储系统可以实现资源按需分配，从而提高利用率，增加弹性并降低成本。但是，当深度学习需要使用远程存储系统的数据时，它必须通过网络获取，额外的网络 I/O 会提高成本并增加处理数据的时间，从而导致整个深度学习训练流程的时间增加。

4.8.2　基于 Alluxio 解决深度学习存储问题的分析

Alluxio 可以解决上述的深度学习数据访问问题。Alluxio 最简单的形式是一个虚拟文件系统，透明地连接到现有存储系统，并将它们作为一个单一的系统呈现给用户。使用 Alluxio 的统一命名空间，可以将许多存储系统挂载到 Alluxio 中，包括 S3、Azure 和 GCS 等云存储系统。由于 Alluxio 能够与现有存储系统集成，因此深度学习框架只需与 Alluxio 进行交互即可访问底层存储中的数据。这打开了从任意存储系统获得数据并进行训练的大门，从而可以间接提高深度学习训练模型的性能。

Alluxio 还包括一个可以提供便利的人性化使用体验的 FUSE 界面。如图 4-8 所示，通过使用 Alluxio FUSE，可以将 Alluxio 实例挂载到本地文件系统，这使与 Alluxio 交互就像与本地文件或目录交互一样简单。一方面，通过这种方式，用户能够继续使用熟悉的工具与存储系统进行交互。另一方面，Alluxio 可以连接到多个不同的存储系统，这意味着对任意存储的任意数据的操作都与本地文件或目录一样。

最后，Alluxio 还提供常用数据的本地缓存。这个特性在数据远离计算的场景下非常有用。由于 Alluxio 可以在本地缓存数据，所以不需要每次都通过网络 I/O 来访问数据，从而使深度学习训练的成本会更低，并且花费的时间会更少。

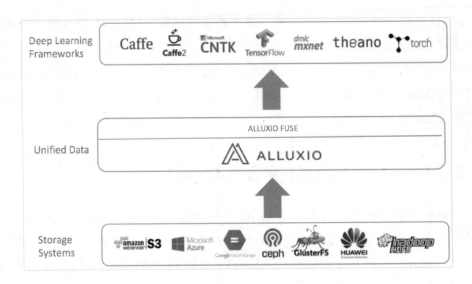

图 4-8　通过 Alluxio FUSE 支撑上层深度学习框架

4.8.3　安装并配置 Alluxio FUSE

下面，我们将按照 FUSE 部分中的说明配置 Alluxio FUSE，访问 S3 中 ImageNet 的训练数据，并允许深度学习框架通过 FUSE 访问数据。

首先，在 Alluxio 的根目录下创建一个目录。

```
$ ./bin/alluxio fs mkdir /training-data
```

然后，我们可以把存储在 S3 桶中 ImageNet 的数据挂载到 Alluxio /training-data/imagenet 路径上。假定数据在 S3 中的路径是 s3a://alluxio-tensorflow-imagenet/。

```
$ ./bin/alluxio fs mount /training-data/imagenet/ s3a://alluxio-tensorflow-imagenet/ --option aws.accessKeyID=<ACCESS_KEY_ID> --option aws.secretKey=<SECRET_KEY>
```

注意，此命令需要传递存储桶的 S3 证书。这些证书与挂载点相关联，这样后续的数据访问就不需要传递证书了。

之后，我们会启动 Alluxio FUSE 进程。首先，创建一个名为 /mnt/fuse 的目录，把它的所有者改成当前的使用者（本节示例中是 ec2-user），并且设置权限为可读写。

```
$ sudo mkdir -p /mnt/fuse
$ sudo chown ec2-user:ec2-user /mnt/fuse
$ chmod 664 /mnt/fuse
```

然后，运行 Alluxio-FUSE shell，将 Alluxio 目录下的 training-data 挂载到本地目录 /mnt/fuse 下面。

```
$ ./integration/fuse/bin/alluxio-fuse mount /mnt/fuse /training-data
```

现在，用户可以访问挂载目录并浏览其中的数据了，用户应该能看到存储在云中的数据。

```
$ cd /mnt/fuse
$ ls
```

该目录已准备好供深度学习框架使用。深度学习框架将把 Alluxio 存储视为本地目录。我们将在下一节使用此目录进行训练（选择 TensorFlow 框架）。

4.8.4　TensorFlow 使用 Alluxio FUSE 管理访问数据

在本节中，我们以深度学习框架 TensorFlow 为例，展示 Alluxio 如何帮助框架进行数据访问和管理。要通过 Alluxio（Alluxio FUSE）访问 S3 中的训练数据，我们将 /mnt/fuse/imagenet 路径传递给基准脚本的参数 data_dir tf_cnn_benchmarsk.py[①]即可。

一旦挂载完底层存储系统，即可通过 Alluxio 访问底层各种存储系统中的数据，并且各种数据可以透明地放入 benchmark 中，无须对 TensorFlow 或 benchmark 脚本进行修改。这极大地简化了上层应用程序开发，否则需要应用开发者手动地对接并

---

① https://github.com/tensorflow/benchmarks/BLOB/master/scripts/tf_cnn_benchmarks/tf_cnn_benchmarks.py。

且配置每个特定的存储系统。

除提供统一的访问接口外，Alluxio 还可以在性能上带来益处。beanchmark 通过输入的训练图像（单位为图像数/秒）评价训练模型的吞吐量。训练过程涉及以下 3 个阶段，每个阶段使用不同的资源。

（1）数据读取（I/O）：从源中选择并且读取图像。

（2）图像处理（CPU）：把图像记录解码成图像，预处理，然后组织成 mini-batches。

（3）模型训练（GPU）：在多个卷积层上计算并且更新参数。

通过将 Alluxio Worker 与深度学习框架搭配在一起，Alluxio 将远程数据缓存到本地以供后续访问，从而提供数据本地性。如果没有 Alluxio 的本地缓存，缓慢的远程存储可能会导致 I/O 瓶颈，并使宝贵的 GPU 资源得不到利用。例如，在 benchmark 模型中，我们发现 AlexNet 架构相对简单，因此当存储变慢时，更容易出现 I/O 性能瓶颈。在一台 EC2 p2.8xlarge 机器上运行 Alluxio 可以对模型训练带来近 2 倍的性能提升。

## 第5章

Alluxio 基本功能的介绍与使用

在本书前面章节中，我们介绍了 Alluxio 的安装使用和基本重要特性。除此之外，Alluxio 还提供了很多功能以灵活满足多样化需求的场景。本章将逐一介绍 Alluxio 系统的基本设置，具体包括 Alluxio 系统设置、mount 命令与挂载设置、底层存储一致性及缓存资源的配置等。

5.1 Alluxio 系统环境与属性的配置

为了满足不同的生产环境和实际应用的需求，Alluxio 为运维管理员及用户提供了丰富的设置选项。不同角色配置 Alluxio 的使用方式有所不同，下面我们将分别展开介绍。具体地，5.1.1 节将介绍针对管理员如何配置 Alluxio 服务端参数，5.1.2 节将介绍针对读写 Alluxio 的用户应用程序（如 Spark、MapReduce 等）如何配置 Alluxio 应用参数。

Alluxio 允许管理员或用户使用多种方式来设置 Alluxio 属性，但这些方式有优先级。一个 Alluxio 属性最终值将按下面所列的次序优先级决定。

（1）JVM 系统参数（i.e., -Dproperty=key）。

（2）系统环境变量。

（3）参数配置文件。当 Alluxio 集群启动时，每一个 Alluxio 服务端进程（包括 master 和 worker）在目录${HOME}/.alluxio/、/etc/alluxio/和${ALLUXIO_HOME}/conf 中按顺序查找读取 alluxio-site.properties，当 alluxio-site.properties 文件被找到，将跳过剩余路径的查找。

（4）集群默认值。从 Alluxio 1.8 开始，Alluxio 客户端可以根据 master 节点提供的集群范围的默认配置初始化其配置值。

如果系统没有在上述列表中找到某个属性值或用户指定的配置，那么将会使用该属性的默认值。

5.1.1 Alluxio 系统组件参数的配置

本节详细介绍 Alluxio 系统组件（包括 Alluxio Master 和 Alluxio Worker）参数的配置方式。

5.1.1.1 使用 Site-Property 文件（推荐方式）配置

对于负责启动、运行和维护 Alluxio 服务端进程（包括 master 和 worker 进程）的管理员来说，推荐的修改设置方式是直接修改 Alluxio 安装目录下的 conf/alluxio-site.properties 文件。如果该文件不存在，可以从模板文件${ALLUXIO_HOME}/conf 中复制创建：

```
$ cp conf/alluxio-site.properties.template conf/alluxio-site.properties
```

用户需要确保在启动 Alluxio 服务之前，该配置文件上被分发到每个 Alluxio

Master 和 Alluxio Worker 节点上的 `${ALLUXIO_HOME}/conf` 目录下。最常见的 Alluxio 服务端设置项如下：

```
# master 节点的主机名配置项
alluxio.master.hostname=mymaster

# Alluxio 根目录对应的 UFS 地址配置项
alluxio.underfs.address=hdfs://nn:9000/

# 设置 worker 多级分层存储的配置项，在以下示例配置中，每台 worker 分配了 2GB 的内存空间
和 10GB 的磁盘空间，并且设置了水位线：每层容量使用率超过 90% 时激活异步替换机制，低于 70%
停止异步替换机制
alluxio.worker.tieredstore.levels=2
alluxio.worker.tieredstore.level0.alias=MEM
alluxio.worker.tieredstore.level0.dirs.path=/Volumes/ramdisk
alluxio.worker.tieredstore.level0.dirs.quota=2GB
alluxio.worker.tieredstore.level0.watermark.high.ratio=0.9
alluxio.worker.tieredstore.level0.watermark.low.ratio=0.7
alluxio.worker.tieredstore.level1.alias=HDD
alluxio.worker.tieredstore.level1.dirs.path=/tmp
alluxio.worker.tieredstore.level1.dirs.quota=10GB
alluxio.worker.tieredstore.level1.watermark.high.ratio=0.9
alluxio.worker.tieredstore.level1.watermark.low.ratio=0.7
```

5.1.1.2　使用环境变量配置

Alluxio 也支持通过环境变量来设置其服务端的一些常用属性，具体如表 5-1 所示。

表 5-1　Alluxio 环境变量及其意义

环境变量	意　义
ALLUXIO_CONF_DIR	Alluxio 配置目录的路径
ALLUXIO_LOGS_DIR	Alluxio logs 目录的路径
ALLUXIO_MASTER_HOSTNAME	Alluxio Master 的主机名，对应属性 `alluxio.master.hostname`

续表

环境变量	意 义
ALLUXIO_UNDERFS_ADDRESS	底层存储系统地址，对应属性 alluxio.underfs.address
ALLUXIO_RAM_FOLDER	Alluxio Worker 保存 in-memory 数据的目录
ALLUXIO_JAVA_OPTS	Alluxio Master、Worker 及 Shell 中的 Java 虚拟机属性选项。注意，默认情况下 ALLUXIO_JAVA_OPTS 将被包含在 ALLUXIO_MASTER_JAVA_OPTS、ALLUXIO_WORKER_JAVA_OPTS 和 ALLUXIO_USER_JAVA_OPTS 中
ALLUXIO_MASTER_JAVA_OPTS	对 Alluxio Master 配置的额外 Java 虚拟机属性选项
ALLUXIO_WORKER_JAVA_OPTS	对 Alluxio Worker 配置的额外 Java 虚拟机属性选项
ALLUXIO_USER_JAVA_OPTS	对 Alluxio Shell 配置的额外 Java 虚拟机属性选项
ALLUXIO_CLASSPATH	Alluxio 进程的额外 CLASSPATH
ALLUXIO_LOGSERVER_HOSTNAME	Alluxio log server 的主机名
ALLUXIO_LOGSERVER_PORT	Alluxio log server 的端口名
ALLUXIO_LOGSERVER_LOGS_DIR	Alluxio log server 存储从 Alluxio 服务器接收到的 log 的本地目录路径

用户可以通过 shell 命令或 conf/alluxio-env.sh 文件设置这些环境变量。如果 conf/alluxio-env.sh 文件不存在，用户则可以通过执行以下命令复制生成该文件：

```
$ cp conf/alluxio-env.sh.template conf/alluxio-env.sh
```

常见属性配置调整包括如下示例：

```
# 将 Alluxio Master 运行在 localhost
export ALLUXIO_MASTER_HOSTNAME="localhost"

# 设置底层存储系统，在本示例中即为 HDFS 的 namenode 地址
export ALLUXIO_UNDERFS_ADDRESS="hdfs://localhost:9000"

# 在 7001 端口启用 Java 远程调试 master 进程
```

```
export ALLUXIO_MASTER_JAVA_OPTS="$ALLUXIO_JAVA_OPTS -agentlib:jdwp=
transport=dt_socket,server=y,suspend=n,address=7001"

# 增加 worker JVM GC 事件的 logging，输出写至 worker 节点的 logs/worker.out 文件中
ALLUXIO_WORKER_JAVA_OPTS=" -XX:+PrintGCDetails -XX:+PrintTenuringDistribution
-XX:+PrintGCTimestamps"

# 设置 master JVM 的 heap size
ALLUXIO_MASTER_JAVA_OPTS=" -Xms2048M -Xmx4096M"
```

5.1.2　Alluxio 客户端组件参数的配置

对于使用 Alluxio 的用户程序（如通过 Spark、MapReduce 等访问 Alluxio 的计算任务）来说，它们所运行的节点可能并没有安装 Alluxio 服务端程序（如 Alluxio Master 和 Alluxio Worker），因此本地可能也没有 conf/alluxio-site.properties 或 conf/alluxio-env.sh 等配置文件。另外，这些计算任务的程序通常会把 Alluxio 作为兼容 HDFS 的文件系统来读取和访问，并没有在程序内部代码中针对访问 Alluxio 做专门的设置。所以对于计算任务程序来说，需要使用与设置 Alluxio 服务端系统组件不一样的方式来设置 Alluxio 客户端的配置项。

每一个 Alluxio 客户端 jar 包会在初始化 Alluxio Client 的时候扫描所在 JVM 的系统属性（system properties），所有 Alluxio 支持的配置项被扫描到以后会对于该 JVM 生效。对于很多分布式计算系统来说，最有挑战的部分是如何把想要修改的配置项传递到所有的计算任务中。这里我们以 Spark 和 MapReduce 为例，介绍如何在提交任务时，让这些计算平台把 Alluxio 客户端的配置项传递到每一个运行任务的节点上。

5.1.2.1　Alluxio Shell 命令的配置方式

用户可以在输入 fs 命令的子命令之前（如 copyFromLocal）将 JVM 系统属性 -Dproperty=value 加入命令行中，以指定相应的引用属性。例如，下面的 Alluxio Shell 命令在将文件复制到 Alluxio 时设置写入类型为 CACHE_THROUGH：

```
$ bin/alluxio fs -Dalluxio.user.file.writetype.default=CACHE_THROUGH
copyFromLocal README.md /README.md
```

5.1.2.2　Spark 任务的配置方式

Spark 用户可以通过对 Spark executor 的 `spark.executor.extraJavaOptions` 和 Spark driver 的 `spark.driver.extraJavaOptions` 属性添加"-Dproperty=value"，从而向 Spark job 传递 JVM 环境参数。下列示例为当提交 Spark jobs 时设置向 Alluxio 写入的方式为 `CACHE_THROUGH`。

```
$ spark-submit \
--conf 'spark.driver.extraJavaOptions=-Dalluxio.user.file.writetype.
default=CACHE_THROUGH' \
--conf 'spark.executor.extraJavaOptions=-Dalluxio.user.file.writetype.
default=CACHE_THROUGH' \
...
```

如果在 Spark shell 中运行，也可以加载 `Java Options`，示例如下：

```
val conf = new SparkConf()
    .set("spark.driver.extraJavaOptions",
"-Dalluxio.user.file.writetype.default=CACHE_THROUGH")
    .set("spark.executor.extraJavaOptions",
"-Dalluxio.user.file.writetype.default=CACHE_THROUGH")
val sc = new SparkContext(conf)
```

5.1.2.3　MapReduce 任务的配置方式

对于 MapReduce 任务来说，可以通过提交 MR 任务时候的-D 选项来告诉这个任务所有的 task 所要使用的 Alluxio 客户端选项。Hadoop MapReduce 用户可以在 `hadoop jar` 或 `yarn jar` 命令后添加"-Dproperty=value"，属性将被传递给这个作业的所有任务中。例如，下面的 MapReduce 任务中设置 wordcount 写入 Alluxio 类型为 `CACHE_THROUGH`：

```
$ bin/hadoop jar libexec/share/hadoop/mapreduce/hadoop-mapreduce-
```

```
examples-2.7.3.jar wordcount \
-Dalluxio.user.file.writetype.default=CACHE_THROUGH \
-libjars /<PATH_TO_ALLUXIO>/client/alluxio-1.8.1-client.jar \
<INPUT FILES> <OUTPUT DIRECTORY>
```

5.1.2.4　使用集群默认的配置方式

从 Alluxio 1.8 开始，每个 Alluxio 客户端都可以使用从 master 节点获取的集群范围的配置值，以此为基础初始化其客户端的配置。具体来说，当不同的客户端应用程序（如 Alluxio Shell 命令、Spark 作业或 MapReduce 作业）连接到一个 Alluxio 服务时，它们将使用 Alluxio Master 节点提供的默认值初始化自己的 Alluxio 配置属性，这些默认值是基于 master 节点的 `${ALLUXIO_HOME}/conf/alluxio-site. properties` 属性文件设置的。因此，集群管理员可以将需要设置的客户端配置属性（如 `alluxio.user.*`）或网络传输设置（如 `alluxio.security. authentication.type`）放置在 master 节点的 `${ALLUXIO_HOME}/conf/ alluxio-site.properties` 文件中。它将成为集群范围内的默认值，并被分布在新的 Alluxio 客户端。

例如，一个常见的 Alluxio 配置属性 `alluxio.user.file.writetype. default` 的默认值是 MUST_CACHE，即只写到 Alluxio 空间。在一个 Alluxio 集群中，如果用户希望的首选是数据持久性的部署，所有的作业都需要写到底层存储系统和 Alluxio，那么就可以使用 Alluxio 1.8 或更高版本的 `admin` 命令来简单地添加 `alluxio.user.file.writetype.default=CACHE_THROUGH` 到 master 端 `${ALLUXIO_HOME}/conf/alluxio-site.properties`。然后重新启动集群后，所有新的作业都会自动将属性 `alluxio.user.file.writetype.default` 设置为 CACHE_THROUGH。

此外，客户端还可以通过设置属性 `alluxio.user.conf.cluster. default.enabled=false` 来忽略或覆盖集群范围内的默认值，以更改加载集群范围内的默认值。

5.1.3 Alluxio 参数配置的相关工具

1. copyDir

每个 Alluxio 服务进程在启动时都会读取加载本地安装目录下 `conf/alluxio-site.properties` 及 `conf/alluxio-env.sh` 文件中的配置项，所以修改某一配置项后，需要在所有安装 master 和 worker 的节点上都更新配置文件。一个简便的方法是在修改完 master 节点上的配置文件之后，使用 Alluxio 提供的 "`bin/alluxio copyDir`"脚本，自动地根据 `conf/workers` 中的内容把 master 节点上的配置文件同步到所有的 worker 节点上。

```
$ bin/alluxio copyDir conf
```

2. getConf

如果需要检查特定配置属性的值及其来源，用户可以执行以下命令：

```
$ bin/alluxio getConf alluxio.worker.port
29998
$ bin/alluxio getConf --source alluxio.worker.port
DEFAULT
```

列出所有配置属性来源的命令如下：

```
$ bin/alluxio getConf --source
alluxio.conf.dir=/Users/bob/alluxio/conf (SYSTEM_PROPERTY)
alluxio.debug=false (DEFAULT)
...
```

用户还可以指定`--master`选项来通过 master 节点列出所有的集群默认配置属性。注意，使用`--master`选项，getConf 将查询 master 节点，因此需要 master 节点正在运行；如果用户没有指定`--master`选项，此命令则只检查执行该命令节点的本地配置。

```
$ bin/alluxio getConf --master --source
alluxio.conf.dir=/Users/bob/alluxio/conf (SYSTEM_PROPERTY)
```

```
alluxio.debug=false (DEFAULT)
...
```

5.2　Alluxio 底层文件系统的配置与管理

Alluxio 为上层不同数据处理系统与框架提供了统一的数据访问方式，另外，Alluxio 还支持对接底层不同的存储系统，从而使应用程序通过 Alluxio 即可访问多种存储系统中的不同数据。本节将详细介绍 Alluxio 底层文件系统的参数配置与管理方式。

5.2.1　Alluxio 挂载底层存储

mount 命令是 Alluxio 最有特色的命令之一。它类似于 Linux 里的 mount 命令。Linux 用户可以通过输入 Linux mount 命令把磁盘、SSD 等外部的存储设备挂载到该 Linux 系统的本地文件系统目录树中。而在 Alluxio 系统中，mount 的概念被进一步扩展到了分布式系统层，用户可以通过输入 Alluxio mount 命令将一个或多个其他的存储系统/云存储服务（诸如 HDFS、S3、Azure 等）挂载到 Alluxio 分布式文件系统中。通过这种方式，运行在 Alluxio 上的上层分布式应用，诸如 Spark、Presto 和 MapReduce 等，不再需要适配甚至不需要了解底层不同文件系统的具体数据访问协议和路径，而只需要知道所需访问数据在 Alluxio 文件系统中对应的路径即可，从而极大地方便了上层应用的开发和维护。

这里我们用一个简单的例子来演示 mount 命令的基本用法。假设用户有 HDFS 和 S3 两个不同的存储系统，它们分别存储了用户信息（hdfs://localhost:9000/users）和文档信息（s3://bucket/docs）。我们可以把两套存储系统同时挂载到 Alluxio 中，对于上层应用而言，用户信息和文档信息看起来是保存在同一个文件系统的不同目录里。换言之，用户可以将一个 HDFS 集群和一个 S3 bucket

同时挂载到 Alluxio 中。其中 S3 对应 `alluxio://Data/`目录，而 HDFS 则对应 Alluxio 根目录下除 Data 外的其他所有路径，如图 5-1 所示。

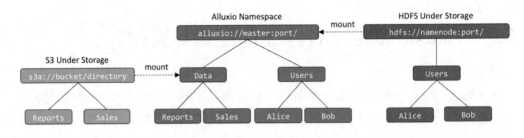

图 5-1　Alluxio 挂载底层存储系统

5.2.1.1　设置根目录挂载点

Alluxio 规定根目录必须是一个挂载点。该挂载点对应的底层存储系统需要在 `conf/alluxio-site.properties` 当中通过 `alluxio.underfs.address` 进行设置，并且在启动 Alluxio 时自动生效。所以在上节的例子中，我们需要把根目录的挂载点设置为 HDFS。在启动 Alluxio 之前，需要在 `conf/alluxio-site.properties` 中设置：

```
# 指定 Alluxio 根目录对应的 HDFS
alluxio.underfs.address=hdfs://namenode:port/
```

根目录挂载点的额外参数可以通过 `conf/alluxio-site.properties` 进行设置。例如，如果需要设置根目录挂载点的 `alluxio.foo.bar` 参数，那么需要在 `alluxio.foo.bar` 前加上 `alluxio.master.mount.table.root.option`，以表示这是作用于根目录挂载点的参数。具体地，添加以下文本到 `conf/alluxio-site.properties` 中：

```
alluxio.master.mount.table.root.option.alluxio.foo.bar=<value>
```

5.2.1.2　设置子目录挂载点

待 Alluxio 启动完毕之后，用户可以再挂载其他子目录。例如，将一个 S3 bucket

挂载到 `alluxio://docs/`中：

```
$ bin/alluxio fs mount /Data s3a://apc999/directory
--option aws.accessKeyId=<S3_ACCESS_KEY_BUCKET> \
--option aws.secretKey=<S3_SECRET_KEY_BUCKET>
Mounted s3a://apc999/directory at /Data
```

至此，Alluxio 应用就可以在 `alluxio://Data/`下访问 S3 里的文档数据，并且同时在 `alluxio://Users/`下访问 HDFS 里的用户数据。

假设用户还有另一个 S3 bucket，使用和之前设置不一样的 key。那么在执行 `mount` 命令时，用户可以通过加上`--option` 选项来指定只作用于这个挂载点的参数，如下所示：

```
$ bin/alluxio fs mount /Data2 s3a://other_bucket/docs \
--option aws.accessKeyId=<S3_ACCESS_KEY_OTHER_BUCKET> \
--option aws.secretKey=<S3_SECRET_KEY_OTHER_BUCKET>
Mounted s3a://other_bucket/docs at /Data2
```

该功能另外一个常见的使用场景是当我们挂载配置不同的 HDFS 时候，可以在挂载的时候特别指定每一个 HDFS 所对应的配置信息（`core-site.xml`，`hdfs-site.xml`）：

```
$ bin/alluxio fs mount /hdfs2 hdfs://host:port/ \
--option alluxio.underfs.hdfs.configuration=/path/core-site.xml:/path/
hdfs-site.xml
```

5.2.1.3　查看和取消当前挂载点

用户输入不附加参数的 `mount` 命令即可查看当前所有的挂载点：

```
$ bin/alluxio fs mount
s3a://apc999/directory on /Data (s3, capacity=-1, used bytes=-1, not read-only,
not shared, properties={aws.secretKey=<S3_SECRET_KEY>, aws. accessKeyId=
<S3_ACCESS_KEY>})
hdfs://localhost:9000/ on / (hdfs, capacity=500068036608, used bytes=8192,
```

```
not read-only, not shared, properties={})
```

取消挂载点的命令如下：

```
$ bin/alluxio fs unmount /Data
Unmounted /Data
```

5.2.2　Alluxio 与底层存储的元数据一致性保证

当用户挂载底层存储后加载其存储的文件时，或在 Alluxio 文件系统中创建新文件时，Alluxio 会确保 Alluxio 空间中的文件元数据与底层存储系统里所对应的文件元数据一致，包括文件名、文件大小、创建者、组别等文件信息，以及其所在的目录结构。

如果用户能够绕过 Alluxio 而直接修改底层存储的文件或目录结构，Alluxio 提供的相应的机制则可以将这些底层存储的更新"同步"到 Alluxio 层。

5.2.2.1　导入底层存储元数据

当一个底层存储被挂载到 Alluxio 后，Alluxio 的 master 节点会在需要的时候读取底层文件系统，并在 Alluxio 系统中创建对象与之对应。如图 5-2 所示，底层 HDFS 文件系统中包含 Data 目录，该目录下包含 Reports 和 Sales 两个文件，这些都是在挂载到 Alluxio 之前就已经创建好的。当该 HDFS 被挂载后，这些目录及文件第一次被访问时（例如用户请求列出 Alluxio 根目录下所有文件），Alluxio Master 节点会自动读取该 HDFS 并加载这些对象的元数据。注意以下两点：

（1）目录结构会被保持。所以 Alluxio 文件系统中也会创建一个 Data 目录，并在其下也会有 Reports 及 Sales 两个文件相对应。

（2）该过程中 Alluxio 并不会加载文件具体数据，而只是加载文件及目录的元数据。例如，Alluxio Shell 的 ls 命令会显示出这些文件的大小、创建用户等信息，但 In-Alluxio（Alluxio 空间数据）这一比例则依然是 0。若要将其文件数据加载到

Alluxio，则可以用 Java API 当中的 `FileInStream` 来读取数据，或者通过输入 Alluxio Shell 中的 `load` 命令进行加载。

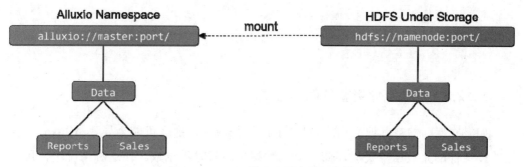

图 5-2　Alluxio 导入底层存储元数据

5.2.2.2　Alluxio 创建新文件/目录的同步方式

当在 Alluxio 文件系统中创建新的文件或目录时，可以设置决定这些对象是否要在底层存储系统中持久化。对于需要持久化的对象，Alluxio 会保存底层文件系统存储这些对象的文件夹的路径。如图 5-3 所示，一个 Alluxio 用户在根目录下创建了一个 `Users` 目录，其中包含 `Alice` 和 `Bob` 两个子目录，底层文件系统也会保存相同的目录结构和命名。类似地，当用户在 Alluxio 文件系统中对一个持久化的对象进行重命名或删除操作时，底层文件系统中对应的对象也会被执行相同的操作。

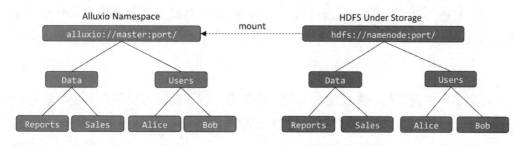

图 5-3　Alluxio 创建新文件/目录的同步方式

举例如下：

```
# 创建目录的时候同时也持久化到底层存储中
$ bin/alluxio fs -Dalluxio.user.file.writetype.default=CACHE_THROUGH\
 mkdir /Users/Charlie/


# 创建文件的时候同时也持久化到底层存储中
$ bin/alluxio fs -Dalluxio.user.file.writetype.default=CACHE_THROUGH\
 touch /Users/Charlie/info
```

5.2.2.3　底层存储更新的同步方式

如果底层存储被其他应用绕过 Alluxio 而修改了，那么可能会导致 Alluxio 中存储的该文件的元数据与底层存储中的元数据出现暂时不一致。在这种情况下，用户可以通过配置 Alluxio 提供的 `alluxio.user.file.metadata.sync.interval` 属性来决定是否需要将某文件、目录的元数据同步到底层存储。根据该属性的取值，可分为以下几种情况。

（1）取值为-1 的时候，Alluxio 不会主动去和底层存储做同步。-1 为该属性的默认值。

（2）取值为一个正整数的时候，指定了一个时间窗口的大小。在该时间窗口内，该文件的同步将不会被触发。不难看出，在这种情况下，Alluxio 的元数据与底层存储的元数据会在一个在时间窗口内会实现最终一致性。

（3）取值为 0 的时候，每次读取一个 Alluxio 文件或目录的元数据都会强制触发 Alluxio Master 与底层存储对该文件的同步操作。换言之，时间窗口在这种情况下为 0。

时间窗口的设置是一种性能与一致性的取舍。越小的时间窗口越可能频繁地触发 Alluxio 访问底层存储。在底层存储的元数据操作较慢的时候，这将会降低 Alluxio Master 的性能，但也保证了更强的一致性；反之，越大的时间窗口会减少同底层存储进行元数据同步的频率，提高 Alluxio Master 的性能，但可能会要求用户的业务功能能够容忍一定程度内的最终一致性。

5.2.2.4　元数据一致性的演示示例

以下示例假设 Alluxio 源代码在${ALLUXIO_HOME}文件夹下，并且有一个本地运行的 Alluxio 进程。在这个例子中，我们将展示 Alluxio 提供 Alluxio 空间和底层存储系统的元数据一致性。

先在本地文件系统中创建一个临时目录：

```
$ cd /tmp
$ mkdir alluxio-demo
$ touch alluxio-demo/hello
```

然后将该目录挂载到 Alluxio 中，并确认挂载后的目录在 Alluxio 中存在：

```
$ cd ${ALLUXIO_HOME}
$ bin/alluxio fs mount /demo file:///tmp/alluxio-demo
Mounted file:///tmp/alluxio-demo at /demo
$ bin/alluxio fs ls -R /
...
# should contain /demo but not /demo/hello
```

验证对于不是通过 Alluxio 创建的对象，当第一次访问它们时，其元数据被加载到了 Alluxio 中：

```
$ bin/alluxio fs ls /demo/hello
...
# 输出结果应当会包括 /demo/hello
```

在挂载目录下创建一个文件，并确认该文件也被创建在底层文件系统中：

```
$ bin/alluxio fs touch /demo/hello2
/demo/hello2 has been created
$ bin/alluxio fs persist /demo/hello2
persisted file /demo/hello2 with size 0
$ ls /tmp/alluxio-demo
hello hello2
```

在 Alluxio 中重命名一个文件，并验证在底层文件系统中该文件也被重命名了：

```
$ bin/alluxio fs mv /demo/hello2 /demo/world
Renamed /demo/hello2 to /demo/world
$ ls /tmp/alluxio-demo
hello world
```

在 Alluxio 中将该文件删除，然后检查底层文件系统中该文件是否也被删除：

```
$ bin/alluxio fs rm /demo/world
/demo/world has been removed
$ ls /tmp/alluxio-demo
hello
```

最后卸载该挂载目录，并确认该目录已经在 Alluxio 文件系统中被移除，但原先的数据依然保存在底层文件系统中。

```
$ bin/alluxio fs unmount /demo
Unmounted /demo
$ bin/alluxio fs ls -R /
...
# 输出结果不包含 contain /demo
$ ls /tmp/alluxio-demo
hello
```

5.3　Alluxio 缓存资源的配置与管理

Alluxio 管理 Alluxio Worker 的本地存储资源（包括内存）来充当分布式缓存区。该缓存区是在用户应用程序和各种底层存储之间的数据快速访问层，可以在很大限度上提升 I/O 性能。

5.3.1　配置 Alluxio 缓存存储资源

每个 Alluxio 节点管理的存储数量和类型由用户配置决定。Alluxio 还支持层次化存储，这使系统存储能够感知介质，让数据存储获得类似于 L1/L2 CPU 缓存的优化。

5.3.1.1　配置 Alluxio Worker 单层存储（推荐）

配置 Alluxio 存储的最简单方法是使用默认的单层模式。默认配置下的 Alluxio 将为每个 worker 提供一个 ramdisk，并占用一定的系统内存。这个 ramdisk 将被用作分配给每个 Alluxio Worker 的唯一存储介质。

Alluxio 存储通过 Alluxio 的 `alluxio-site.properties` 配置。详细配置请参考配置文档。一个常见的修改是显式设置 ramdisk 的大小。例如，设置每个 worker 的 ramdisk 的大小为 16GB：

```
alluxio.worker.memory.size=16GB
```

另一种常见设置是指定多个存储介质，如 ramdisk 和 SSD。需要更新 alluxio.worker.tieredstore.level0.dirs.path 来指定想要的每个存储介质作为存储目录。例如，要使用 ramdisk（安装在 `/mnt/ramdisk`）和两个 SSD（安装在 `/mnt/ssd1` 和 `/mnt/ssd2`）：

```
alluxio.worker.tieredstore.level0.dirs.path=/mnt/ramdisk,/mnt/ssd1,/mnt/
ssd2
```

提供的路径应该指向本地文件系统中安装的相应存储介质的路径。为了启动短路读写操作，这些路径的权限应该允许客户端用户在该路径上读写和执行。例如，与启动 Alluxio 服务的用户在同一用户组的客户端用户需要 `770` 的权限。

更新存储介质后，我们需要指出每个存储介质分配了多少存储空间。例如，如果我们想在 ramdisk 上使用 16GB，在每个 SSD 上使用 100GB：

```
alluxio.worker.tieredstore.level0.dirs.quota=16GB,100GB,100GB
```

注意，配额的序列必须与路径的序列相匹配。

在 `alluxio.worker.memory.size` 和 `alluxio.worker.tieredstore.` `level0.dirs.quota`（默认值为前者）之间有一个微妙的区别。Alluxio 在使用 `mount`[①]或 `SudoMount` 选项启动时会提供并安装 ramdisk。这个 ramdisk 无论在 `alluxio.worker.tieredstore.level0.dirs.quota` 中设置的值如何，其大小都由 `alluxio.worker.memory.size` 确定。同样，如果要使用除默认的 Alluxio 提供的 ramdisk 外的其他设备，Alluxio 内存配额的设置则与内存大小无关。

5.3.1.2　配置 Alluxio Worker 多级存储

对于典型的部署，建议使用异构存储介质的单一存储层。但是在某些环境中，基于 I/O 速度，工作负载将受益于明确的存储介质序列。在这种情况下，应该使用分层存储。当分层存储可用时，回收过程智能地考虑了层概念。Alluxio 根据 I/O 性能的高低从上到下配置存储层。例如，用户经常指定以下几层：①MEM（内存）；②SSD（固态硬盘）；③HDD（硬盘驱动器）。

1. 写数据

用户写入新数据块时默认写在顶层存储。如果顶层没有足够的空间存放数据块，回收策略会被触发并释放空间给新数据块。如果顶层没有足够的可释放空间，那么写操作会失败。如果文件大小超出了顶层空间，写操作也会失败。

用户还可以通过配置项设置指定写数据默认的层级。

从 `ReadType.CACHE` 或 `ReadType.CACHE_PROMOTE` 中读数据会导致数据被写到 Alluxio 中。这种情况下，数据被默认写到顶层。

最后，通过 `load` 命令可将数据写到 Alluxio 中。在这种情况下，数据也会被写到顶层。

---

①注意，本节中提到的本地存储及 mount 等术语特指在本地文件系统中挂载，不要与 Alluxio 底层存储的 mount 概念混淆。

2. 读数据

读取分层存储的数据块和标准 Alluxio 类似。如果数据已经在 Alluxio 中，Alluxio 从存储位置读取数据块。如果 Alluxio 配置了多层存储，数据块不一定是从顶层读取，因为可能被透明地移到下层存储中。

读取策略为 `ReadType.CACHE_PROMOTE` 时，Alluxio 会确保数据在读取前先被移动到顶层存储中。显式地将热数据移到最高层，也可以用于数据块的管理。

3. 开启和配置分层存储

在 Alluxio 中，使用配置参数开启分层存储。使用如下配置参数可以指定 Alluxio 的额外存储层：

```
alluxio.worker.tieredstore.levels
alluxio.worker.tieredstore.level{x}.alias
alluxio.worker.tieredstore.level{x}.dirs.quota
alluxio.worker.tieredstore.level{x}.dirs.path
alluxio.worker.tieredstore.level{x}.watermark.high.ratio
alluxio.worker.tieredstore.level{x}.watermark.low.ratio
```

例如，想要配置 Alluxio 使用内存和硬盘，可以使用如下配置：

```
# 在 Alluxio 中配置了两级存储
alluxio.worker.tieredstore.levels=2

# 配置了顶层是内存存储层
alluxio.worker.tieredstore.level0.alias=MEM
# 定义了/mnt/ramdisk 是首层的文件路径
alluxio.worker.tieredstore.level0.dirs.path=/mnt/ramdisk
# 设置了 ramdisk 的配额是 100GB
alluxio.worker.tieredstore.level0.dirs.quota=100GB
# 设置了顶层的高水位比例是 0.9
alluxio.worker.tieredstore.level0.watermark.high.ratio=0.9
# 设置了顶层的低水位比例是 0.7
alluxio.worker.tieredstore.level0.watermark.low.ratio=0.7
```

```
# 配置了第二层是硬盘层
alluxio.worker.tieredstore.level1.alias=HDD
# 配置了第二层 3 个独立的文件路径
alluxio.worker.tieredstore.level1.dirs.path=/mnt/hdd1,/mnt/hdd2,/mnt/hdd3
# 定义了第二层 3 个文件路径各自的配额
alluxio.worker.tieredstore.level1.dirs.quota=2TB,5TB,500GB
# 设置了第二层的高水位比例是 0.9
alluxio.worker.tieredstore.level1.watermark.high.ratio=0.9
# 设置了第二层的低水位比例是 0.7
alluxio.worker.tieredstore.level1.watermark.low.ratio=0.7
```

定义存储层时有一些限制。Alluxio 对于层级数量不做限制，一般是三层——内存、HDD 和 SDD。最多只有一层可以引用指定的别名。例如，最多有一层可以使用别名 HDD。如果想在 HDD 层使用多个硬盘驱动器，可以配置 `alluxio.worker.tieredstore.level{x}.dirs.path` 为多个存储路径。

5.3.1.3　配置缓存数据回收策略

因为 Alluxio 存储被设计成动态变化的，所以必须有一个机制在 Alluxio 存储已满时为新的数据腾出空间。这被称为回收。

在 Alluxio 中有两种回收模式：异步（默认）和同步。可以通过启用和禁用处理异步回收的空间预留器在这两者之间进行切换。例如，要关闭异步回收：

```
alluxio.worker.tieredstore.reserver.enabled=false
```

异步回收是默认的回收模式。它依赖于每个 worker 的周期性空间预留线程来回收数据，待 worker 存储利用率达到配置的高水位后，再基于回收策略的数据回收直到达到配置的低水位。例如，如果我们配置了相同的 16+100+100=216GB 的存储空间，我们可以将回收设置为 200GB 左右开始并在 160GB 左右停止：

```
alluxio.worker.tieredstore.level0.watermark.high.ratio=0.9
# 216GB * 0.9 ~ 200GB
```

```
alluxio.worker.tieredstore.level0.watermark.low.ratio=0.75
# 216GB * 0.75 ~ 160GB
```

在写或读缓存高工作负载时，异步回收可以提高性能。

同步回收等待一个客户端请求所用的空间比当前在 worker 上的可用空间更多，需要启动回收进程释放足够的空间来满足这一要求。这导致了许多很小的回收尝试效率较低，但是使可用的 Alluxio 空间的利用率最大化。

Alluxio 使用回收策略决定当空间需要释放时，哪些数据块被移到低存储层。用户可以指定 Alluixo 回收策略来细粒度地控制回收进程。

Alluxio 支持自定义回收策略，已有的实现包括以下几种。

（1）贪心回收策略（GreedyEvictor）：回收任意的数据块直到释放出所需大小的空间。

（2）LRU 回收策略（LRUEvictor）：回收最近最少使用的数据块直到释放出所需大小的空间。

（3）LRFU回收策略（LRFUEvictor）：基于权重分配的最近最少使用和最不经常使用策略回收数据块。如果权重完全偏向最近最少使用，LRFU 回收策略退化为 LRU 回收策略。

（4）部分 LRU 回收策略（PartialLRUEvictor）：基于最近最少使用回收，但是选择有最大剩余空间的存储目录（StorageDir），只从该目录回收数据块。

将来会有更多的回收策略可供选择。由于 Alluxio 支持自定义回收策略，因此人们也可以为自己的应用开发合适的回收策略。

使用同步回收时，推荐使用较小的数据块配置（64～128MB），以降低数据块回收的延迟。使用空间预留器时，数据块大小不会影响回收延迟。

5.3.2　Alluxio 缓存数据的载入、驻留及释放

当一个文件 /myFile 尚未缓存在 Alluxio 中时，用户可以使用 load 命令将其载入 Alluxio 缓存 cache 中，以帮助提高后续对该文件的访问速度。

```
$ bin/alluxio fs load /myFile
```

如果执行该命令的机器上有 Alluxio Worker 运行，则该文件会被加载至该 worker 中。当该文件较大时，可能会引起负载均衡问题。可以指定 RoundRobin 的策略来将该文件的不同块分散至不同的 worker 节点上，实现存储的负载均衡。

```
$ bin/alluxio fs load /myFile -Dalluxio.user.file.write.location.policy.
class=alluxio.client.file.policy.RoundRobinPolicy
```

对于一个文件，我们可以显式地锁定文件驻留 Alluxio 缓存，这样 5.3.1.3 节所说的替换策略将对被锁定过的文件无效，从而可以保证某些热点文件不会因为某些随机因素而被替换出 Alluxio 缓存，造成性能损失。

```
$ bin/alluxio fs pin /myFile
```

也可以令一个目录中的所有文件都驻留 Alluxio 缓存：

```
$ bin/alluxio fs pin /myDir
```

还可以使用 unpin 命令来解除对文件或目录的缓存锁定：

```
$ bin/alluxio fs unpin /myFile /myDir
```

注意，被解除锁定的文件未必会被立刻替换并释放空间。如果需要立刻释放空间，可以使用 Alluxio Shell 的 free 命令来显式地释放缓存空间：

```
$ bin/alluxio fs free /myFile
```

当一个文件被 pin 住时，用户可以使用 -f 选项来强行释放这个文件使用的缓存容量：

```
$ bin/alluxio fs free -f /myPinnedFile
```

5.3.3　配置 Alluxio 缓存数据的生存时间

Alluxio 缓存中的每个文件和目录都可以设置生存时间（Time to Live，TTL）。每个被载入 Alluxio 缓存的文件，当超过生存时间后会被释放出来。然而，这个文件释放出 Alluxio 缓存后依然在底层存储系统中存在。所以如果用户下次访问该文件，它依然会被载入。用户也可以将默认文件 TTL 过期的操作从释放缓存更改为彻底删除。在这种情况下，文件 TTL 过期之后用户就没有办法恢复了。新创建或加载的文件在默认情况下的生存时间是无限长的。

TTL 特性可以有效地帮助用户管理 Alluxio 缓存资源。该特性对数据的访问模式有严格的、规律的环境时特别有效。例如，如果用户总是只分析在最近一周获取的某种日志数据，那么就可以把存储该数据的 Alluxio 目录的 TTL 设为一周。超过一周以上的数据就会自动被换出，而不占用 Alluxio 的缓存资源。换言之，TTL 可用于显式地主动刷新旧数据以释放缓存并获取新的数据文件。

在 Alluxio 的 master 端，设置文件/目录 TTL 属性的操作将通过文件系统日志持久化，从而保证服务重启后的一致性。在 Alluxio 运行时，活跃的 master 节点负责保存元数据在内存中。在内部，master 进程运行一个后台线程定期检查文件是否已经到达它对应的 TTL 值。

注意，后台线程在一个可配置的时间段内运行，默认为 1 小时。这意味着 TTL 在下一次检查间隔前不会被强制执行，TTL 强制执行的延迟可以达到 1 个 TTL 间隔。间隔长度由 `alluxio.master.ttl.checker.interval` 属性设置。

例如，将 TTL 间隔设置为 10 分钟，需要将以下内容添加到 `conf/alluxio-site.properties`：

```
alluxio.master.ttl.checker.interval=10m
```

对于 Alluxio 1.8，用户有两种方法可以设置 Alluxio 的 `TTL`。

第一种方法是使用命令行 `setTtl`。用户使用这一命令需要指定 Alluxio 命名空间中的路径及 TTL 操作生效之前的时间（如果没有附加时间单位，默认为毫秒）。

```
$ bin/alluxio fs setTtl /file/path 1day
```

--action 用来指定生存时间过后要采取的行动。"--action free"将导致文件被逐出 Alluxio 存储，不管 pin 状态如何。而"--action delete"将导致文件从 Alluxio 命名空间中被删除，同时也从底层存储中被删除。默认操作为 delete。

```
$ bin/alluxio fs setTtl /file/path 1day --action free
```

第二种方法是通过 Java 文件系统接口中的 Alluxio 文件系统对象来设置具有适当选项的文件属性。示例如下：

```
FileSystem alluxioFs = FileSystem.Factory.get();

AlluxioURI path = new AlluxioURI("alluxio://hostname:port/file/path");
long ttlMs = 86400000L; // 1 day
TtlAction ttlAction = TtlAction.FREE; // Free the file when TTL is hit

SetAttributeOptions options = SetAttributeOptions.defaults().setTtl
(ttlMs).setTtlAction(ttlAction);
alluxioFs.setAttribute(path);
```

5.4　Alluxio 系统 Web 用户界面的查看与使用

Alluxio 提供了用户友好的 Web 界面以便用户查看和管理。Alluxio 的 Master 和 Worker 服务进程都拥有各自的 Web 界面。其中 Master Web 界面的默认端口是 19999，WorkerWeb 界面的默认端口是 30000。

5.4.1　Alluxio Master Web 界面介绍

Alluxio Master 提供了 Web 界面以便用户管理。Alluxio Master Web 界面的默认

端口是 19999，访问 `http://<MASTER IP>:19999` 即可查看。如果你在本地启动 Alluxio，访问 `http://localhost:19999` 即可查看 Master Web 界面。本节分别介绍 Alluxio Master 的 Web 界面所包含的若干不同标签页面。

1. 概要标签页

如图 5-4 所示，选择屏幕上方导航栏中的"Overview"选项卡，这是 Alluxio Master Web 界面的概要标签页面。

图 5-4　Alluxio Master Web 界面的概要标签页面

该页面显示了系统状态的概要信息，包括以下部分。

（1）Alluxio 概要：Alluxio 系统级信息，如当前部署的版本、初始运行时间、有多少 worker 等。

（2）集群使用概要：Alluxio 存储信息和底层存储信息，包括 Alluxio 的存储使用量，底层的存储使用量等。

（3）存储使用概要：Alluxio 分层存储信息，分项列出了 Alluxio 集群中每层存储空间的使用量。

2. 配置标签页

选择屏幕上方导航栏中的“Configuration”选项卡，查看当前的配置信息，如图 5-5 所示。

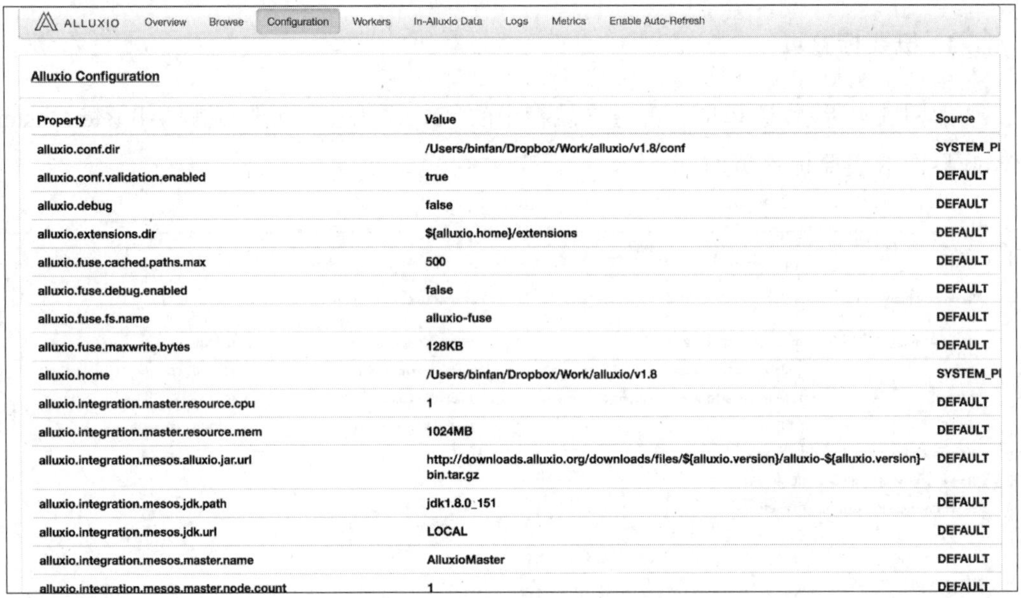
ALLUXIO
Overview
Browse
Configuration
Workers
In-Alluxio Data
Logs
Metrics
Enable Auto-Refresh
Alluxio Configuration
Property
Value
Source
alluxio.conf.dir
/Users/binfan/Dropbox/Work/alluxio/v1.8/conf
SYSTEM_PI
alluxio.conf.validation.enabled
true
DEFAULT
alluxio.debug
false
DEFAULT
alluxio.extensions.dir
${alluxio.home}/extensions
DEFAULT
alluxio.fuse.cached.paths.max
500
DEFAULT
alluxio.fuse.debug.enabled
false
DEFAULT
alluxio.fuse.fs.name
alluxio-fuse
DEFAULT
alluxio.fuse.maxwrite.bytes
128KB
DEFAULT
alluxio.home
/Users/binfan/Dropbox/Work/alluxio/v1.8
SYSTEM_PI
alluxio.integration.master.resource.cpu
1
DEFAULT
alluxio.integration.master.resource.mem
1024MB
DEFAULT
alluxio.integration.mesos.alluxio.jar.url
http://downloads.alluxio.org/downloads/files/${alluxio.version}/alluxio-${alluxio.version}-bin.tar.gz
DEFAULT
alluxio.integration.mesos.jdk.path
jdk1.8.0_151
DEFAULT
alluxio.integration.mesos.jdk.url
LOCAL
DEFAULT
alluxio.integration.mesos.master.name
AlluxioMaster
DEFAULT
alluxio.integration.mesos.master.node.count
1
DEFAULT

图 5-5　Alluxio Master Web 界面的配置标签页

配置标签页包含两部分内容。

（1）Alluxio 配置：所有 Alluxio 配置的属性、当前设定值，以及当前设定值的来源。

（2）白名单：包含所有符合要求的可以存储在 Alluxio 上的 Alluxio 路径前缀。用户可以访问路径前缀不在白名单上的文件。只有白名单中的文件可以存储在 Alluxio 上。

3. 浏览标签页

用户可以通过 Web UI 浏览 Alluxio 文件系统。当用户选择导航栏中的“Browse”选项卡时，可以看到如图 5-6 所示的页面。

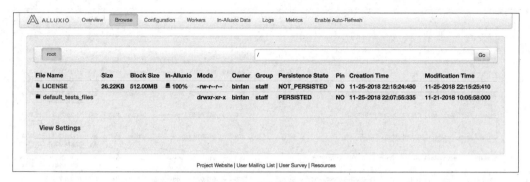

图 5-6　通过 Web UI 浏览 Alluxio 文件系统

当前文件夹中的文件会被列出，包括文件名、文件大小、块大小、内存中数据的百分比、创建时间和修改时间。查看文件内容只需要选择对应的文件即可。单击 /LICENSE 文件，会显示出如图 5-7 所示的内容。

图 5-7　通过 Alluxio Web UI 查看文件内容

4. Alluxio 已缓存文件标签页

选择导航栏中的"In-Alluxio Data"选项卡，可浏览所有内存中的文件，如图 5-8 所示。

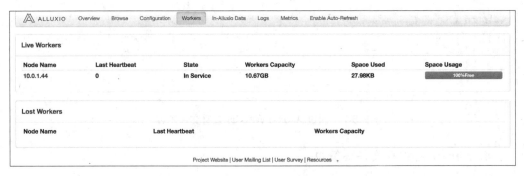

图 5-8　通过 Alluxio Web UI 查看内存中的文件

当前在 Alluxio 中的文件会被列出，包括文件名、文件大小、块大小、文件是否被固定在内存中、文件创建时间和文件修改时间。

5. Workers 标签页

选择"Workers"选项卡，可以查看系统中所有已知的 Alluxio Worker，如图 5-9 所示。

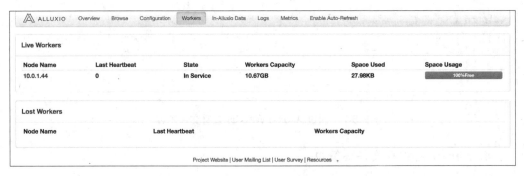

图 5-9　Alluxio Master Web 界面的 Workers 标签页

Workers 页面将所有 Alluxio Worker 节点分为两类显示。

（1）存活节点：所有当前可以处理 Alluxio 请求的节点列表。单击 Worker 名将重定向到 Worker 的 Web UI 页面。

（2）失效节点：所有被 Master 宣布失效的 Worker 列表，通常是因为等待 Worker 心跳超时，可能的原因为 Worker 系统重启或网络故障。

6. Master 度量信息标签页

选择导航栏中的"Metrics"选项卡即可浏览 Master 的度量信息，如图 5-10 所示。

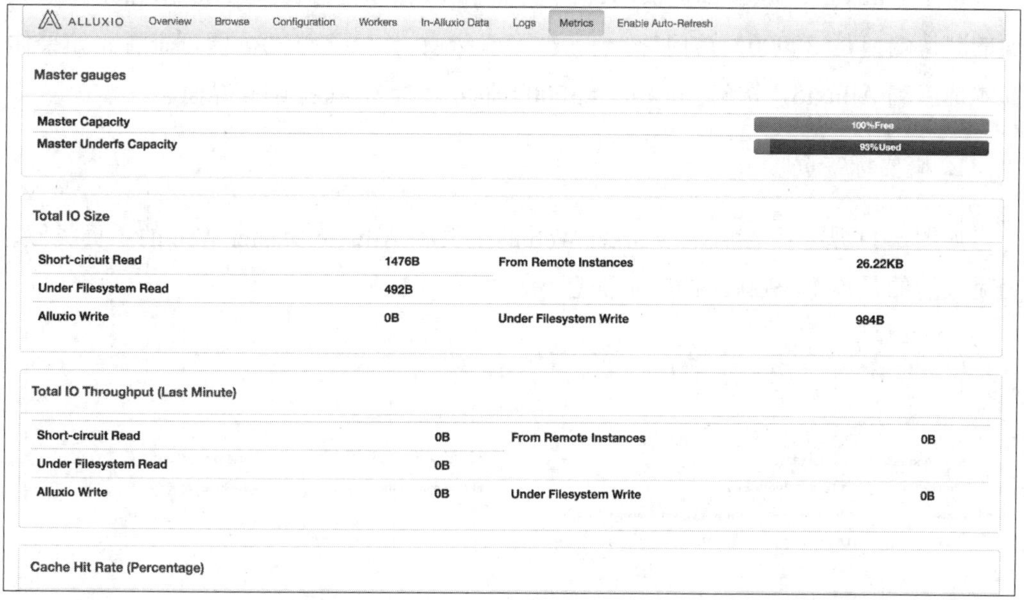

图 5-10　Alluxio Master Web 界面的 Master 度量信息标签页

这一页面显示了 Master 的所有度量信息，如下所示。

（1）Master 整体指标：集群的整体度量信息。

（2）I/O 规模：集群整体 I/O 的指标，包括有多少字节是通过短路读服务用户、有多少是通过远程读服务用户、有多少字节写入 Alluxio、有多少字节写入底层存储等。

（3）Alluxio 缓存命中率：I/O 中命中 Alluxio 缓存的百分比。

（4）每个已挂载底层存储的 I/O 信息：每个挂载到 Alluxio 底层的存储分别有多少读和写操作。

（5）逻辑操作：执行的操作数量。

（6）RPC 调用：每个操作的 RPC 调用次数。

5.4.2 Alluxio Worker Web 界面介绍

每个 Alluxio Worker 都提供 Web 界面显示 Worker 信息。Alluxio Worker Web 界面的默认端口是 30000，访问 `http://<WORKER IP>:30000` 即可查看。如果你在本地启动 Alluxio，访问 localhost:30000 即可查看 Worker Web 界面。

1. 概要标签页

如图 5-11 所示，Alluxio Worker Web 的主页和 Alluxio Master Web 的主页类似，但是显示的是单个 Worker 的特定信息。

图 5-11　Alluxio Worker Web 界面的概要标签页

2. 块信息标签页

在块信息标签页面中可以看到 Worker 上的文件，以及其他信息，如文件大小和文件所在的存储层，如图 5-12 所示。单击文件可以看到文件的所有块信息。

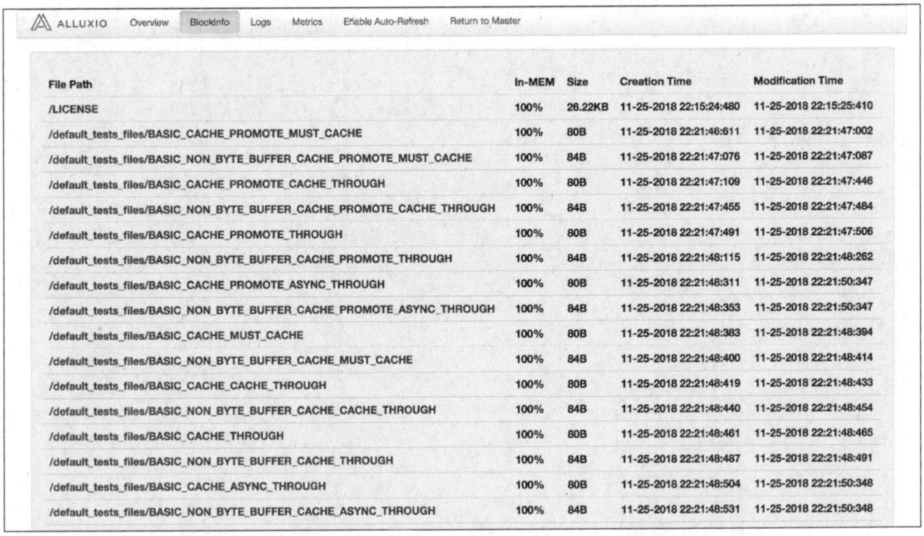

图 5-12　Alluxio Worker Web 界面的块信息标签页

3. Worker 度量信息标签页

选择导航栏中的"Metrics"选项卡即可浏览 Worker 的度量信息，如图 5-13 所示。

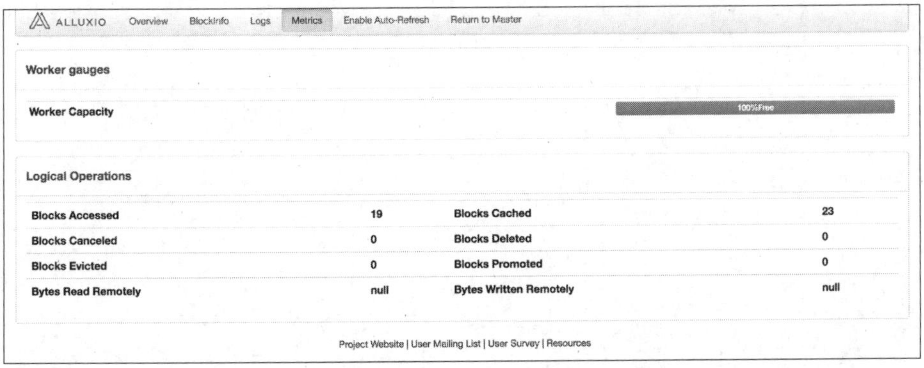

图 5-13　Alluxio Worker Web 界面的度量信息标签页

这一页面显示了 Worker 的所有度量信息，如下所示。

（1）Worker 整体指标：Worker 的整体度量信息。

（2）逻辑操作：执行的操作数量。

## 第6章

Alluxio 高级功能的介绍与使用

第 5 章详细介绍了 Alluxio 系统的基本功能与使用方式。Alluxio 作为一款成熟的存储系统软件，还向用户和管理员提供了一系列高级功能。本章将重点介绍这些高级功能及其使用方式，具体包括 Alluxio 的安全认证与权限控制机制、内置 Metrics 系统、日志系统及异常排查方法等。

6.1 Alluxio 的安全认证与权限控制

本节主要介绍如下与 Alluxio 安全性相关的功能。

（1）身份验证：如果是 `alluxio.security.authentication.type=SIMPLE`（默认情况下），Alluxio 文件系统将区分使用服务的用户。要使用其他高级安全特性（如访问权限控制及审计日志），`SIMPLE` 身份验证需要被开启。Alluxio 还支持其他身份验证模式，如 `NOSASL` 和 `CUSTOM`。

（2）访问权限控制：如果是 `alluxio.security.authorization.permission.enabled=true`（默认情况下），根据请求用户和要访问的文件或目录的 POSIX 权限模型，Alluxio 文件系统将授予或拒绝用户访问。注意，身份验证不能是 `NOSASL`，因为授权需要用户信息。

（3）用户模拟：Alluxio 支持用户模拟（Impersonation），以便某一个用户可以代表其他用户访问 Alluxio。这个机制在 Alluxio 客户端需要为多个用户提供数据访问一部分服务时相当有用。

（4）审计：如果是 `alluxio.master.audit.logging.enabled=true`，Alluxio 文件系统维护用户访问文件元数据的审计日志（Audit Log）。

6.1.1 Alluxio 安全认证模式的介绍

1. SIMPLE

当 `alluxio.security.authentication.type` 被设置为 `SIMPLE` 时，身份验证被启用。在客户端访问 Alluxio 服务之前，该客户端将按以下列次序获取用户信息以汇报给 Alluxio 服务进行身份验证。

如果属性 `alluxio.security.login.username` 在客户端上被设置，其值将作为此客户端的登录用户信息。否则，将从操作系统获取登录用户。

客户端检索用户信息后，将使用该用户信息连接该服务。在客户端创建目录/文件之后，用户信息将被添加到元数据中，并且可以在 CLI 和 UI 中检索。

2. NOSASL

当 `alluxio.security.authentication.type` 为 `NOSASL` 时，身份验证

被禁用。Alluxio 服务将忽略客户端的用户，并不将任何用户信息与创建的文件或目录关联。

3. CUSTOM

当 `alluxio.security.authentication.type` 为 CUSTOM 时，身份验证被启用。Alluxio 客户端检查 `alluxio.security.authentication.custom.provider.class` 类的名称用于检索用户。此类必须实现 `alluxio.security.authentication.AuthenticationProvider` 接口。

这种模式目前还处于试验阶段，应该只在测试中使用。

6.1.2　Alluxio 访问权限控制的介绍

Alluxio 文件系统为目录和文件实现了一个访问权限模型。该模型与 POSIX 标准的访问权限模型类似，每个文件和目录都与以下各项相关联。

（1）一个所属用户，即在 client 进程中创建该文件或文件夹的用户。

（2）一个所属组，即从用户/组映射（user-groups-mapping）服务中获取到的组。

（3）访问权限。其中包含以下三个部分。

① 所属用户权限，即该文件的所有者的访问权限。

② 所属组权限，即该文件的所属组的访问权限。

③ 其他用户权限，即上述用户之外的其他所有用户的访问权限。每项权限有三种行为：read（简写为 r）；write（简写为 w）；execute（简写为 x）。

对于文件，读取该文件需要 r 权限，修改该文件需要 w 权限。对于目录，列出该目录的内容需要 r 权限，在该目录下创建、重命名或删除其子文件或子目录需要 w 权限，访问该目录下的子项需要 x 权限。

例如，当启用访问权限控制时，执行 shell 命令 fs ls 后，其输出如下：

```
$ ./bin/alluxio fs ls /
drwxr-xr-x jack              staff                        24      PERSISTED
11-20-2017 13:24:15:649  DIR /default_tests_files
-rw-r--r-- jack              staff                        80   NOT_PERSISTED
11-20-2017                        13:24:15:649                        100%
/default_tests_files/BASIC_CACHE_PROMOTE_MUST_CACHE
```

1. 用户/组映射

当用户确定后，其组列表通过一个组映射服务确定，该服务通过 alluxio.security.group.mapping.class 属性进行配置，其默认实现是 alluxio.security.group.provider.ShellBasedUnixGroupsMapping。该实现通过执行 groups shell 命令获取一个给定用户的组关系。用户/组映射默认使用了一种缓存机制，映射关系默认缓存 60 秒，这一缓存时间可以通过 alluxio.security.group.mapping.cache.timeout 进行配置，如果这个值设置为"0"，缓存就不会启用。另外，alluxio.security.authorization.permission.supergroup 属性定义了一个超级组，该组中的所有用户都是超级用户。

2. 新目录和新文件的初始访问权限

在 Alluxio 系统中，新创建的目录权限为 755，文件权限为 644。默认的系统 umask 值为 022，umask 值可以通过 alluxio.security.authorization.permission.umask 属性进行设置。

3. 更新目录和文件的访问权限

Alluxio 中目录或文件的所属用户、所属组及访问权限可以通过以下两种方式进行修改。

(1)用户应用可以调用 FileSystem API 或 Hadoop API 的 setAttribute() 方法，参考文件系统 API。

（2）使用 CLI 命令，参考 4.2 节中的 chown、chgrp、chmod 等命令。注意，所属用户只能由超级用户修改。所属组和访问权限只能由超级用户和文件所有者修改。

6.1.3　Alluxio 用户模拟功能的介绍

Alluxio 支持用户模拟，以便一个用户可以代表其他用户访问 Alluxio。这个机制在 Alluxio 客户端需要为多个用户提供数据访问服务的一部分时十分有效。在这种情况下，可以将 Alluxio 客户端配置为用特定用户（连接用户）连接到 Alluxio 服务器，但代表其他用户（被模拟用户）行事。为了让 Alluxio 支持用户模拟功能，需要在客户端和服务端进行配置。

1. master 端配置

为了能够让特定的用户模拟其他用户，需要配置 Alluxio Master。Alluxio Master 的配置属性包括 alluxio.master.security.impersonation.<USERNAME>.users 和 alluxio.master.security.impersonation.<USERNAME>.groups。这里 <USERNAME> 代表连接用户的用户名。

具体而言，对于 alluxio.master.security.impersonation.<USERNAME>.users，可以指定由逗号分隔的用户列表，这些用户可以被 <USERNAME> 模拟。通配符 * 表示任意用户可以被 <USERNAME> 模拟。举例如下。

（1）Alluxio 用户 alice 被允许模拟用户 user1 及 user2：

```
alluxio.master.security.impersonation.alice.users= user1, user2
```

（2）Alluxio 用户 bob 被允许模拟任意用户。

```
alluxio.master.security.impersonation.bob.users=*
```

对于 alluxio.master.security.impersonation.<USERNAME>.groups，可以指定由逗号分隔的用户组，这些用户组内的用户可以被 <USERNAME> 模拟。通

配符*表示该用户可以模拟任意用户。举例如下。

① Alluxio 用户 alice 可以模拟用户组 group1 及 group2 中的任意用户：

```
alluxio.master.security.impersonation.alice.groups= group1,group2
```

② Alluxio 用户 bob 可以模拟任意用户组中的用户：

```
alluxio.master.security.impersonation.bob.groups=*
```

为了使 Alluxio 用户能够模拟其他用户，大家至少需要设置上述两个属性中的其中一个。Alluxio 允许一个用户同时设置上述两个参数。

2. 客户端配置

如果 master 配置为允许某些用户模拟其他用户，client 也要使用 alluxio.security.login.impersonation.username 进行相应的配置。这样 Alluxio 客户端连接到服务的方式不变，但是该客户端模拟的是其他用户。参数可以设置为以下值。

（1）不设置：不启用 Alluxio Client 用户模拟。

（2）_NONE_：不启用 Alluxio Client 用户模拟。

（3）_HDFS_USER_：Alluxio Client 会模拟 HDFS Client 的用户（当使用 Hadoop 兼容的 client 来调用 Alluxio 时）。

6.1.4　Alluxio 审计日志功能的介绍

Alluxio 支持审计日志以便系统管理员能追踪用户对文件元数据的访问操作。审计日志文件（master_audit.log）包括多个审计记录条目，每个条目对应一次获取文件元数据的记录。Alluxio 审计日志格式与 HDFS 审计日志的格式[1]类似，如表 6-1 所示。

---

[1] https://wiki.apache.org/hadoop/HowToConfigure。

表 6-1　Alluxio 审计日志格式关键字

关　键　字	含　　义
succeeded	如果命令被成功执行，值为 true。在命令被成功执行前，该命令必须是被允许的
allowed	如果命令是被允许的，值为 true。即使一条命令是被允许的，它也可能运行失败
ugi	用户组信息，包括用户名、主要组、认证类型
ip	客户端 IP 地址
cmd	用户执行的命令
src	源文件或目录地址
dst	目标文件或目录的地址，如果不适用，值为空
perm	user:group:mask，如果不适用，值为空

为了使用 Alluxio 的审计功能，需要在 alluxio-env.sh 中设置 JVM 参数 `alluxio.master.audit.logging.enabled` 为 true，具体可见 5.1.1.2 节。

6.2　Alluxio 的内置 Metrics 系统

度量指标（Metrics）可以让用户深入了解集群上运行的任务。这些信息对于监控和调试是宝贵的资源。Alluxio 有一个基于 Coda Hale Metrics[①]库的可配置的 Metrics 系统。在 Metrics 系统中，Metrics 指标源生成该 Metrics 记录，而 Metrics Sink 则会消费该 Metrics 记录。Metrics 指标检测系统会周期性地投票决定 Metrics 指标源，并将 Metrics 指标记录传递给 Metrics 指标槽。

Alluxio 的 Metrics 按照相关 Alluxio 组件被划分到不同的实例中。在每个实例中，用户可以配置一组 Metrics 指标槽，来决定让系统报告哪些 Metrics 指标信息。目前支持下面的实例。

① https://github.com/dropwizard/metrics。

（1）client：Alluxio 用户程序。

（2）master：Alluxio Master 进程。

（3）worker：Alluxio Worker 进程。

每个实例可以报告零或多个 Metrics Sink。

（1）ConsoleSink：输出控制台的 Metrics 值。

（2）CsvSink：每隔一段时间将 Metrics 指标信息导出到 CSV 文件中。

（3）JmxSink：查看 JMX 控制台中注册的 Metrics 信息。

（4）GraphiteSink：向 Graphite 服务器发送 Metrics 信息。

（5）MetricsServlet：添加 Web UI 中的 servlet，作为 JSON 数据来为 Metrics 指标数据服务。

1. 设置 Metrics

Alluxio 中的 Metrics 系统可以通过配置文件进行配置，该文件默认位于 `${ALLUXIO_HOME}/conf/metrics.properties`，用户可以通过属性 `alluxio.metrics.conf.file` 配置项来指定其路径。Alluxio 提供了一个 `conf/metrics.properties.template` 文件，其包括所有可配置属性。默认情况下，MetricsServlet 是生效的，用户可以发送 HTTP 请求 "`/metrics/json`" 来获取一个以 JSON 格式表示的所有已注册 Metrics 信息的快照。

2. 支持的 Metrics

Alluxio 支持集群级别的聚合过的 Metrics 及具体到每个进程的 Metrics。

集群 Metrics 由 master 服务器收集并显示在 Web UI 的 "Metrics" 选项卡中。这些指标旨在提供集群状态的快照及 Alluxio 提供的数据和元数据的总量。客户端和 worker 将标有应用程序 ID 的度量数据发送到 Alluxio 主服务器。默认情况下，其将采用'app-[random number]'的形式。可以通过 `alluxio.user.app.id` 属性配置此值，因此可以将多个进程组合到逻辑应用程序中。集群 Metrics 包括 Alluxio 存储容量、底层存储容量、通过 Alluxio 传输的数据总量、I/O 吞吐量估算、Alluxio 缓存命中率、底层存储的 I/O 次数、master 逻辑操作和 RPC 次数、底层存储的 RPC 次数。

进程级的 Metrics 由每个 Alluxio 进程收集，并以机器可读格式公开给任何已配置的 Sink。进程 Metrics 旨在供第三方监控工具使用，因此非常详细。用户可以使用每组 Metrics 的时间序列图来查看细粒度仪表板，如传输的数据量或 RPC 调用次数。Alluxio 中针对 master 节点的 Metrics 标准格式为 master.[metricName].[标签 1].[标签 2]...；Alluxio 中针对非 master 节点的 Metrics 格式为[processType][主机名].[metricName].[标签 1].[标签 2]...。用户可以在 Web UI 的/metrics/json 端点找到 master 服务器或 worker 服务器公开的进程 Metrics 列表。每次 RPC 调用，Alluxio 底层存储访问通常都有一个 Alluxio Metric。可以把标签看作 metric 的一种额外元数据，如用户名或存储位置。标签可用于进一步过滤或聚合各种特征。

6.3　Alluxio 文件系统日志的使用与维护

Alluxio 维护文件系统日志，以支持元数据操作的持久性。当请求修改 Alluxio 状态时，如创建或重命名文件，在返回之前，Alluxio 将为操作写一个日志条目对客户的成功回应。日志条目是写入持久存储，如磁盘或 HDFS，因此即使是 Alluxio Master 进程被终止，状态也将在重新启动时恢复。

1. 配置日志

要为日志设置的最重要的配置值是 `alluxio.master.journal.folder`。这必须设置为所有主服务器都可以使用的共享文件系统。在单主节点模式下，直接使用本地文件系统路径是可行的。对于分布在不同机器上的多个主目录，共享文件夹应该位于支持 flush 的分布式系统中，如 HDFS 或 NFS。不建议将日志放在对象存储中。对于对象存储，对日志的每一次更新都需要创建一个新对象，这对于大多数紧急的用例来说是非常缓慢的。

配置示例 1：使用 HDFS 来存储日志。

```
alluxio.master.journal.folder=hdfs://[namenodeserver]:[namenodeport]/dir/
alluxio_journal
```

配置示例 2：使用本地文件系统来存储日志。

```
alluxio.master.journal.folder=/opt/alluxio/journal
```

2. 格式化日志

第一次启动 Alluxio Master 节点时，日志必须格式化。注意，格式化日志将会删除 Alluxio 所有元数据。

```
$ bin/alluxio formatMaster
```

3. 日志相关操作

（1）手动备份日志。Alluxio 支持对日志进行备份，以便可以将 Alluxio 元数据恢复到以前的时间点。生成备份会在备份发生时导致服务临时不可用。使用 fsadmin backup 命令可以生成一份备份的日志。

```
$ bin/alluxio fsadmin backup
```

默认情况下，这将编写一个名为 alluxio-journal-YYYY-MM-DD-timestamp.gz 的备份指向文件系统下根目录的 "/alluxio_backups" 目录。例如，hdfs://cluster/alluxio_backups。这个默认的备份目录可以通过设置 alluxio.master.backup.directory 来配置。

```
alluxio.master.backup.directory=/alluxio/backups
```

（2）利用日志备份恢复系统。要从日志备份中恢复 Alluxio 系统，先停止系统，然后格式化，再重新启动系统，使用-i（意为 import）标志传递备份的 URI。

```
$ bin/alluxio-stop.sh masters
$ bin/alluxio formatMaster
$ bin/alluxio-start.sh -i <backup_uri> masters
```

<backup_uri>应该是对所有主机都可用的完整 URI 路径，例如，hdfs://[namenodeserver]:[namenodeport]/alluxio_backups/alluxio-journal-YYYY-MM-DD-timestamp.gz。

如果恢复成功，应该会在 master 节点主日志中看到一行日志消息：INFO AlluxioMasterProcess - Restored 57 entries from backup.

（3）切换 master 重启。如果日志存储在 HDFS 等共享存储系统中，则更改 master 很容易。只要新的 master 将 alluxio.master.journal.folder 设置为与旧的 master 相同，它将以旧的 master 停止时的相同状态启动。如果日志存储在本地文件系统中，则需要将日志文件夹复制到新的 master 服务器上。

4. 高级功能

（1）限制日志最大容量。使用单个 Alluxio Master 服务器运行时，日志文件夹的大小将无限增长，这是因为元数据操作将持续写入日志文件。为解决此问题，生产部署应在具有多个 Alluxio Master 服务器的 HA 模式下运行（具体步骤参见 1.3.3 节）。在 HA 模式下，standby master 服务器将创建 primary master 状态的 checkpoint，并清理在 checkpoint 之前写入的日志。例如，如果创建了 300 万个 Alluxio 文件，然后删除了 200 万个，则原始的日志将包含 500 万个条目。然后，如果采用 checkpoint，则 checkpoint 将仅包含 100 万个剩余文件的元数据，并且将删除原始的 500 万个条目。

默认情况下，每新增 200 万个条目会自动触发 checkpoint 的生成。这一数目可以通过在 master 服务器上设置 alluxio.master.journal.checkpoint.period.entries 来配置。将值设置得较小将减少日志所需的磁盘空间量，但代价是 standby master 主机的额外工作量。

如果 HA 模式不可行,则可以在与专用 standby master 相同的节点上运行 primary master。第二个 master 仅用于写入 checkpoint,并且如果 primary master 停止运行,则不会为客户端请求提供服务。注意,在此设置中,两个 master 都具有相似的内存要求,因为它们都需要在内存中保存所有 Alluxio 元数据。要启动 standby master 以写入定期检查点,请执行以下命令:

```
$ bin/alluxio-start.sh secondary_master
```

(2)从日志问题中恢复。文件系统日志的健康是 Alluxio 服务正常运行的必要条件。如果存储日志的文件系统不可用,则用户将无法对 Alluxio 执行元数据操作。同样,如果日志被意外删除或其存储系统被损坏,管理员必须重新格式化 Alluxio 以进行恢复。为避免需要完全重新格式化,我们建议在集群负载较低时进行常规日志备份。如果日志发生了某些情况,可以从其中一个备份中恢复。

6.4 Alluxio 系统的异常排查

在 Alluxio 集群运行过程中,可能会因为硬件/软件故障、系统设置错误、系统环境变更等原因导致集群运行出现异常。本节记录了我们在平时工作中总结的一些故障排查的经验,同时也建议大家碰到问题时,在 Alluxio 邮件列表[1]、[2]上提问之前,可以参照本节列出的参考点,先进行自我排查,很可能会直接找到出现问题的原因。

1. 检查 master 和 worker 进程是否正常

通常碰到问题后,首先应当确定当前 Alluxio 集群的 master 和 worker 是否都在

---

[1] https://groups.google.com/forum/#!forum/alluxio-users。

[2] http://alluxio-users.85194.x6.nabble.com/。

正常工作。

最简单直接的方法是连接并查看 Alluxio 的 Web UI，其默认地址为 http://MasterHost:19999。如果 Web UI 不响应，则很有可能是 master 节点出现了问题。Alluxio 1.8 中加入的 fsadmin report 命令也可以让用户通过命令行来查看集群的健康状况：

```
$ bin/alluxio fsadmin report
```

从 Web UI 或 fsadmin report 命令的输出中还可以看到很多有用的信息。例如，worker 的数目、是否有 worker 掉线，以及每一个 worker 距上一次和 master 心跳的时间。如果上一次心跳已经是几分钟前，则很有可能是 worker 出了问题，可以进一步排查是否 worker 进程卡死（节点高负载或 GC），或者网络连接掉线。

另外，用户也可以通过执行一些简单的 Alluxio Shell 命令来确认 master 能否正常响应客户端的请求，如下所示：

```
$ bin/alluxio fs ls /
```

2. 查看 master 和 worker 节点的工作日志

在每台服务器运行 master 及 worker 进程的节点上，${ALLUXIO_HOME}/conf 目录下的 master.log 及 worker.log 文件分别是 master 进程和 worker 进程的工作日志。用户可以登录这些节点查看其工作日志内是否记录有异常（Exception）日志。常见的异常包括但不限于下列这些。

（1）底层存储的连接中断（比如 HDFS 的 namenode 宕机或负载过大），导致一些 Alluxio UFS 操作超时。

（2）底层存储操作因权限不够被拒绝。

（3）底层存储端数据源被绕过 Alluxio 的操作而改动，导致 Alluxio 与 UFS 层不一致。

（4）高负载下 master 线程池耗尽，无法响应新的客户端请求。

从工作日志当中，能够发掘分析出很多有用的系统报错信息。毫不夸张地说，master 及 worker 进程的工作日志是调试系统错误的主要线索来源。

如果出现 Web UI 进程停止服务或 shell 命令超时的情况，或者有 worker 掉线，用户则可以登录到这些机器上，查看 master 或 worker 的工作日志。

3. 查看 Alluxio 文件系统日志

与存储在每台服务器节点本地上的 master 或 worker 工作日志不同，Alluxio 文件系统日志通常是保存在外部的存储系统（如 HDFS）。具体地址可见 `alluxio.master.journal.folder` 的设置。

Alluxio 文件系统日志中保存了对 Alluxio 文件系统元数据层面的所有操作，所以当 Alluxio 服务重新启动，或者在 HA 模式下 primary master 发生更迭时，整个 Alluxio 文件系统依然能够恢复到最新的状态。当存储 Alluxio 系统日志的存储系统出现连接问题的时候（例如，namenode 宕机或具体存储日志文件的 datanode 掉线），可能会导致 Alluxio 系统对元数据写操作的失败，从而导致 Alluxio 文件系统拒绝新的文件操作。

因此，检查存储 Alluxio 文件系统日志的存储系统的健康状况，往往也是异常排查工作的一部分。

4. 检查是否有频繁的 JVM GC

master 和 worker 进程频繁及长时间的 JVM GC（垃圾回收）可能会引起 master 或 worker 节点的服务中断或连接超时。节点连接心跳超时，表现为 Alluxio 服务不稳定。通常高 GC 压力会表现为 JVM 进程的 CPU 占用率飙升。为了排查这种可能，可以在 `alluxio-env.sh` 中为 master 或 worker 进程的 JVM 参数添加与 GC 相关的参数：

```
ALLUXIO_JAVA_OPTS="  -XX:+PrintGCDetails  -XX:+PrintTenuringDistribution
```

```
-XX:+PrintGCTimestamps"
```

这样在"`${ALLUXIO_HOME}`/conf"目录下的 `master.out` 或 `worker.out` 中会有系统的 GC 记录。如果只需要检测 master(或 worker)的 GC 记录，替换 `ALLUXIO_JAVA_OPTS` 为 `ALLUXIO_MASTER_JAVA_OPTS`（或 `ALLUXIO_ WORKER_JAVA_OPTS`）即可。

5. 检查是否发生线程死锁

Alluxio Master 或 Alluxio Worker 服务中断的另一种可能就是程序 bug 导致的死锁。如果 master 或 worker 进程长时间不响应及出现高 CPU 占用率，但并没有频繁或超长 GC 伴随，那么有可能是出现了死锁状况。在这种情况下，可以先用 `jps` 列出进程得到 `pid`，再用 `jstack <pid>`输出这些进程的分线程 `callstack` 状态以供分析。

6. 实时启用 DEBUG 级别的日志

默认情况下，Alluxio Master 和 Alluxio Worker 进程的工作日志记录的仅仅是 `INFO` 和 `ERROR` 级别的日志消息，并不包括 `DEBUG` 级别的日志消息。而 `DEBUG` 级别的消息通常带有更丰富的调试信息。例如，master 端 RPC 执行错误的 `callstack` 等命令，可以动态地调整 master 的记录日志消息级别为 DEBUG，这样用户就可以从日志文件中直接看到 master 端执行 RPC 报错的 `callstack`，而不需要重启整个服务。

```
$ bin/alluxio logLevel \
--logName=alluxio.master.file.FileSystemMasterClientServiceHandler \
--target=master \
--level=DEBUG
```

用户在配置的时候也可以指定多个目标，例如，不仅包括 master，也包括 192.168.100.100 这台服务器的 worker："`--target=master,192.168.100.100:30000`"。

Alluxio 的应用案例与生产实践

本章讲解 Alluxio 在生产实践环境中的实战案例。在 7.1 节中我们通过陌陌的案例讲解如何使用 Alluxio 加速 Spark 与 Spark SQL 查询。在 7.2 节中我们通过京东的案例讲解如何使用 Alluxio 与 Presto 搭建企业级的大数据 SQL 查询引擎。在 7.3 节中我们介绍携程如何将 Alluxio 与 HDFS 配合使用以减小 HDFS Namenode 访问压力，并提高在 HDFS 上的读取效率。在 7.4 节中我们探讨去哪儿网如何利用 Alluxio 提升异地存储访问性能。在 7.5 节中我们分析百度使用 Alluxio 来加速远程数据读取的案例。

7.1 陌陌基于 Alluxio 加速 Spark SQL 查询

Alluxio 在陌陌大数据架构中作为缓存层存储，服务于 Spark、Tez、MR（Hive）

等计算引擎的 Ad Hoc 查询加速。本节将重点阐述 Alluxio 在陌陌内部是如何加速 Spark SQL 查询作业的。

7.1.1　Alluxio 缓存应用背景简介

Hadoop 生态系统的广泛普及大幅降低了企业使用分布式系统/算法的开发成本。与此同时，资源的高效利用一直是企业和供应商所追求的目标。系统的高效性能成为一个重要的议题。我们在综合考虑了几个提升性能的选项后，将精力集中在具备智能缓存功能的 Alluxio 系统上。

Alluxio 集群作为连接计算和存储的数据访问加速器，通过暂时将数据存储在内存或其他接近计算服务的存储中的方法，提供加速数据访问并提供远程存储本地化和提升性能的能力。这种能力对于计算应用程序在云部署及计算分离的对象存储场景中的数据移动优化尤为重要。缓存使用读/写缓冲机制保持持久存储的连续性以实现对用户的透明性。智能缓存管理能够利用可配置的策略实现高效的数据放置（data placement），并且支持内存和磁盘的分层存储。

7.1.2　陌陌应用场景结合 Alluxio 的分析

主从式架构是当前大数据分布式系统的主流设计。这些具有中心化特点的系统存在一个共同的问题，那就是主节点需要存储大量元信息数据和各种状态数据。因此，主节点可能会面临因负载过高而导致系统性能下降，以及单点故障影响整体服务的风险，如 HDFS 中的 namenode。事实上，如果一个服务是无状态或轻量级的，那么它们的状态和存储的元数据很容易维护或恢复。从系统维护的角度来看，这种设计能够明显降低相关维护成本。Alluxio 是一个主从式架构的服务，主节点也存储着大量元信息数据和多种状态数据，因此我们的 DevOps 团队需要尽可能让其不再成为下一个 namenode 级别的服务。

Alluxio 被设计为一个以内存为中心的架构。内存具有很高的数据读写吞吐率，但是同样有几个问题在部署时需要多一些考虑。

（1）面向读场景的考虑。由于冷读取会触发从远程数据源获取数据，所以在 Alluxio 上运行的任务性能仍然会优于同一个运行在线上环境的任务吗？

（2）是否需要将从远程数据源获取的所有数据全部加载到 Alluxio 中？

（3）面向写场景的考虑。如果最终仍需要将数据写入远程存储（如 HDFS），那么为什么需要先写入 Alluxio 再写入 HDFS，而不是直接写入 HDFS？前者显然增加了一些开销。

（4）如果先把数据写入 Alluxio，那么当一个 Alluxio Master 或 Alluxio Worker 节点失败的时候又会发生什么情况？

Alluxio 分布式架构使工作负载能够以一种向外扩展的方式分布到多个节点，以解决存储性能方面的问题。对于元数据，我们希望 master 节点能够按需进行扩展，但是在节点故障的情况下 standby master 可以接管。即使一个 master 或 worker 节点发生故障，我们也可以通过格式化重启集群并从远程重新加载数据的方式，来避免任何数据的丢失。

因为许多因素会影响写性能，例如，线上集群是否处于繁忙状态、网络带宽是否使用率高、单机器 I/O 负载是否过高、待读取数据的 datanode 是否发生 GC 等，所以很难预先设计出最佳方法来解决这个问题。对我们而言，在优先考虑稳定性的前提下，我们选择暂不将 Alluxio 应用于写密集场景。

Alluxio 非常适合于有经常访问的热数据及应用程序会利用内存缓存的场景。这既避免了从硬盘反复加载和通过网络传输数据的开销，也避免了为很少访问的数据提供过多的内存资源而造成性能限制或资源浪费。

综上所述，最适合我们基础设施的应用场景是 Ad Hoc 查询，因为部分热点数据经常被访问并且是读密集的，而且在必要时容易恢复。

7.1.3　基于 Alluxio 的陌陌 Ad Hoc 查询系统架构

首先确定的是将 HDFS datanodes 和 Alluxio Workers 隔离部署，以避免如下问题。

（1）这两个进程都需要硬盘来存储数据，而大量的 I/O 操作可能会导致磁盘故障率的增加，这已经是生产中的一个问题了。

（2）Alluxio Workers 的分开提供了专用的硬盘资源用于缓存，datanodes 上的硬盘通常有超过 80%的容量，因此这是一种有效的独立管理资源并提供最佳性能的方法。

另外，我们希望避免不能识别出 Alluxio 系统的在线任务被分配到 Alluxio Workers 节点上，利用 Yarn 的节点标签特性，通过将计算节点打上"Ad Hoc"标签，从而为 Alluxio 建立了一个独立专属的标签集群，混合部署计算节点和 Alluxio Worker，如图 7-1 所示。

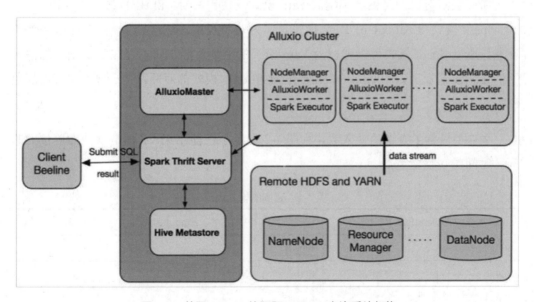

图 7-1　基于 Alluxio 的陌陌 Ad Hoc 查询系统架构

7.1.4 基于 Alluxio 的查询性能评估与分析

我们选取了 4 种不同规模的线上查询用例进行实验，并且在 4 种不同环境下运行这些查询，下面以不同模式来区分这些环境。

（1）Yarn 模式，是当前线上的生产环境。

（2）Spark 模式，在标签集群上运行没有 Alluxio 作为中间层的 Spark 计算环境。

（3）Alluxio 模式，在标签集群上运行配置了 Alluxio 作为中间层，并启用 RAM 和 HDD 层的 Spark 计算环境。

（4）Alluxio on Disk 模式，与第三种模式很相似，但只使用 HDD 缓存，未启用 RAM 层缓存。

需要重点对比的是生产环境的 Yarn 模式及使用 RAM 和 HDD 缓存的 Alluxio 模式。Spark 模式和 Alluxio on Disk 模式是作为对照观察。因为在线模式存在资源竞争现象，所以 Spark 模式可以理解为 Yarn 模式的空闲对照，即不存在资源竞争的情况下的在线模式表现。Alluxio on Disk 作为 Alluxio 模式的对照，用于观察 RAM 层对性能的影响。

表 7-1 显示了查询的输入大小。图 7-2 显示了性能结果，Y 轴是以秒为单位的时间，时间越短性能越好。

表 7-1　查询的输入大小

Online SQL	Input Size
SQL 1	300GB
SQL 2	1TB
SQL 3	1.5TB
SQL 4	5TB

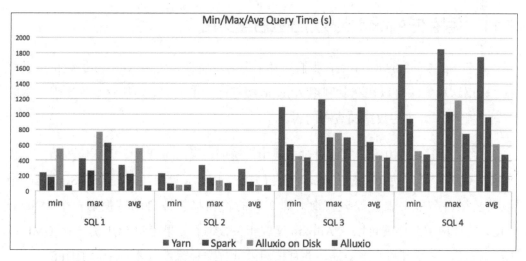

图 7-2　基于 Alluxio 的查询性能结果

从上述测试结果可以得出以下几个结论。

（1）Alluxio 能够按照预期取得显著的性能提升。Alluxio 模式比 Yarn 模式减少了运行时间开销，另外相较 Spark 模式也能够减少运行的时间开销。

（2）即使在冷读场景下，多数情况 Alluxio 模式仍然有更好的表现。

（3）Alluxio Workers 越多，可获得的性能提升效果越明显。

（4）通过 Alluxio 模式和 Alluxio on Disk 模式的对比，可以发现，RAM 层带来的提升并没有一个数量级的差距，在考虑到现在内存的成本约束下，Alluxio on Disk 也是一个不错的选择。

（5）在某些小规模输入的场景下，Spark 模式取得了和 Alluixo 模式相近甚至更少的时间开销。这主要是由于 Spark 具有自身的内存缓存管理机制。但是，一旦缓存数据量超过了 JVM 的内存，Spark 就无法维持原先的性能效果了，而 Alluxio 因为使用的是堆外内存技术，所以不受相应限制。

7.1.5　陌陌在 Alluxio 实战方面的后续实践

对于 Spark 的 thrift server，我们开发了白名单特性，允许 Alluxio 加载指定表数据。采用这种方法可以在充分利用 Alluxio 缓存能力的同时，对缓存数据实现基本的管理，避免不必要的数据加载和回收。

另外，为了让 Alluxio 的使用对上层用户透明，我们还开发了无须修改用户端任何业务代码即可自动切换对应模式的配置方法。因此，如果用户提交的 SQL 是一个涉及缓存白名单中表的数据查询，那么表的路径将会被自动转换为一个 Alluxio URI，这样应用程序就可以从 Alluxio 读取相关数据。如果用户 SQL 是一个 DML 或 DCL 操作，它保持和原来一样，并直接写入远程文件系统（本例中即 HDFS）。

7.2　京东基于 Alluxio 和 Presto 构建交互式查询引擎

京东是中国大型的线上及线下零售商，也是第一个入围财富 500 强的中国互联网公司。京东大数据平台是一个开放、安全、智能的平台，它提供了可视化管理和监控系统，可以方便、快捷地定位集群问题。目前，京东大数据平台上拥有超过 4 万台服务器，每天处理超过 100 万个任务，管理的数据总量超过 450PB，而且以每天超过 800TB 的规模增长。这些规模庞大的数据及其处理内容，帮助我们在丰富的场景下实现了诸多相关的智能应用。目前，OLAP 已经被广泛运用到了京东大数据平台的各个业务线中，每天提供的查询服务超过 50 万次，覆盖范围包括商城 App、微信、手机 QQ，以及离线数据分析平台。

Alluxio 作为一款容错的可插拔的优化组件，应用于京东体系内诸多计算框架。我们利用 Alluxio 优秀的缓存能力为 Ad Hoc 和实时流计算框架提供良好的支撑，以降低集群对于网络吞吐的消耗，为统计业务报表及为营销决策提供数据支持。京东数名优秀的研发工程师，根据业务场景和特点，基于京东大数据平台和 Alluxio 搭建了国内已知最大的 Presto 集群，实现了业界第一款 Presto 和 Alluxio 相结合的大数据量企业级交互式查询处理引擎，使 Ad Hoc 查询性能提升了 10 倍以上。JDPresto on Alluxio 目前已经在京东生产环境上线 400 台节点且运行了 2 年多（2017 年开始运行），覆盖范围从商城 App 到微信、手机 QQ，再到离线数据分析平台，帮助京东千万商家和 10 亿消费者提供更加精准的营销和用户体验。另外，在大数据平台的建设和维护过程中，京东的大数据工程师团队也为 Alluxio 开源社区做出了许多贡献。

7.2.1　京东大数据平台的业务问题背景

京东大数据平台拥有巨大的规模以满足京东不断增长的业务需求。

（1）集群规模：服务器数目超过 4 万台，其中离线集群总规模为 2.5 万余台，服务超过 1.3 万用户。

（2）计算能力：日处理离线数据超过 40PB，日运行作业数目超过 100 万。

（3）存储能力：总数据量超过 650PB，日增数据量超过 800TB，总存储容量达到 1EB。

（4）业务能力：覆盖超过 40 个业务主题，450 个数据模型。

图 7-3 所示为京东大数据分布式平台的体系架构。京东大数据分布式平台是一个开放、安全、智能的平台。HDFS 作为分布式存储系统是整个平台的基础，许多计算框架工作在 Yarn 上。Alluxio 作为分布式缓存系统，就像一座桥梁隔离了计算框架和底层存储。

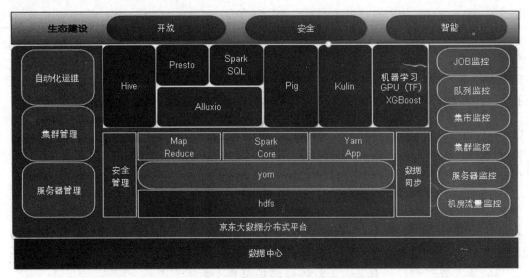

图 7-3　京东大数据分布式平台的体系架构

7.2.2　JDPresto on Alluxio 架构与特性的介绍

本节将介绍 JDPresto on Alluxio 的使用案例。Alluxio 作为容错可插拔的优化组件，应用于京东体系内诸多计算框架。利用 Alluxio 优秀的缓存能力提供对 Ad Hoc 和实时流计算原生的支持，降低集群对于网络消耗的依赖。JDPresto on Alluxio 已经在我们的生产环境上线 400 台节点且运行了 2 年多，带来了 10 倍平均性能提升。

图 7-4 所示为 Presto Worker 在使用 Alluxio 前后读取数据方式的区别。如图的左边所示，在使用 Alluxio 之前，Presto Worker 有大概率从远端 datanode 读取数据，由于网络延迟，这会消耗很多时间。而图的右边则显示出在使用 Alluxio 之后，Presto Worker 可以从同一节点上的 Alluxio Worker 读到缓存的数据，这能够避免或减少从 HDFS 远程读取的开销，从而提高访问速度。简而言之，Alluxio 为 Presto 带来了更多的本地性和与底层文件系统的隔离性，从而保障了查询性能。

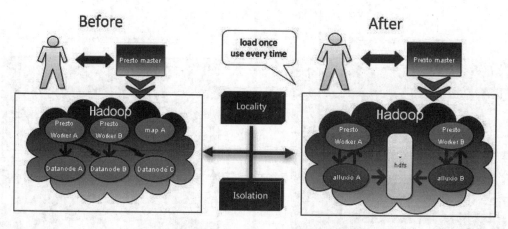

图 7-4　Presto Worker 在使用 Alluxio 前后读取数据方式的区别

图 7-5 所示为修改后的 JDPresto 读 split 的逻辑。通常情况下，Presto 从 Alluxio 读取数据，如果 Alluxio 发现没有数据，则从 HDFS 读取数据并在缓存到 Alluxio 中的同时返回给 Presto。这之后如果 Presto 再读取同样的数据，则会从 Alluxio 中读到缓存的数据，直接返回给 Presto。当 Alluxio 服务不可用时，它可以直接访问 HDFS。此外，我们还扩展了 Alluxio，增强了 Alluxio 和 HDFS 之间的一致性验证。

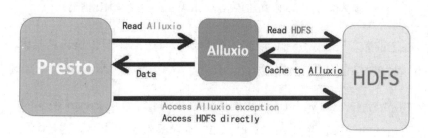

图 7-5　修改后的 JDPresto 读 split 的逻辑

7.2.3　JDPresto on Alluxio 的性能评估与分析

如图 7-6 所示，我们的性能对比测试使用的方法是，JDPresto 的 client 在两个 Presto 集群多次执行相同的 SQL 查询。左边，JDPresto 直接访问 HDFS 作为参照。右边为实验对象，JDPresto 使用 Alluxio 作为分布式缓存。

HDFS

9s -> 9s -> 12s -> 18s -> 10s -> 14s

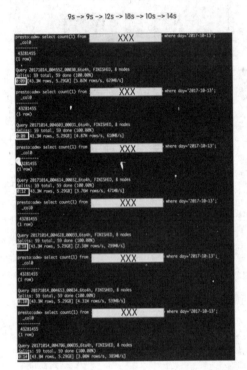

ALLUXIO

20s -> 0.9s -> 0.6s -> 1s -> 0.5s -> 0.6s ->0.6s -> 0.3s

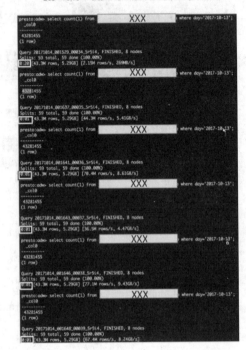

图 7-6　JDPresto 和 JDPresto on Alluxio 的性能对比结果

矩形框选的数字是当次 SQL 耗时。很明显，右边的比左边快。这是因为我们使用 Alluxio 缓存表格或分区文件。因此，在第一次访问后，Alluxio 可以加速查询。

图 7-7 所示为 Presto Web UI 展示的查询性能对比，通过 Presto Web UI 我们可以和终端得到相同的结果，并且查询耗时从 20 秒降低到不足 1 秒，这是非常令人兴奋的结果！

本次测试的结果如图 7-8 所示。本次测试一共执行了 6 次对比查询。上方的折线代表 JDPresto，下方的折线代表 JDPresto on Alluxio。X 轴表示查询次数，Y 轴表示查询时间，单位是秒。我们可以看到 JDPresto on Alluxio 可以在第一次读之后减少读取时间，相比 JDPresto 集群快很多。

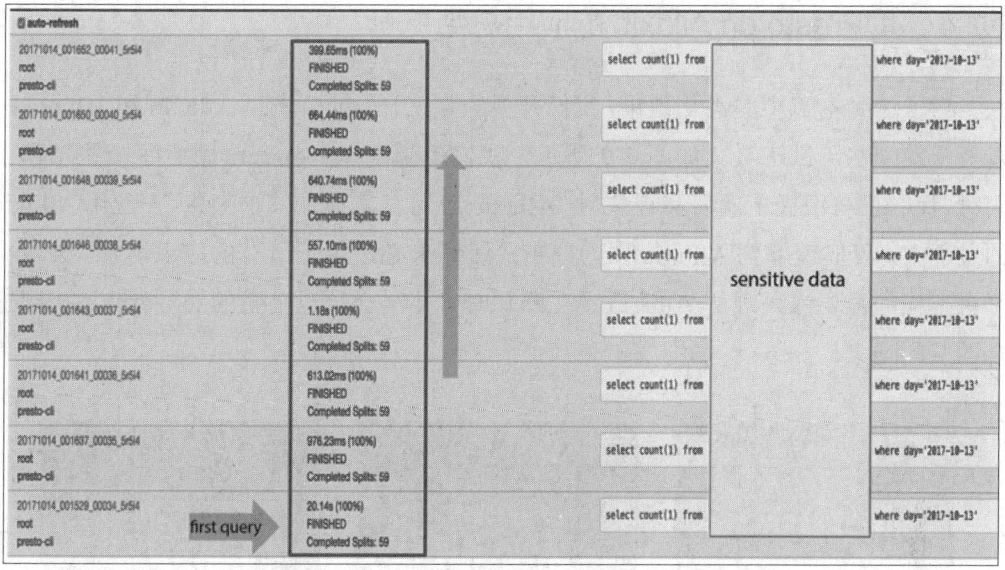

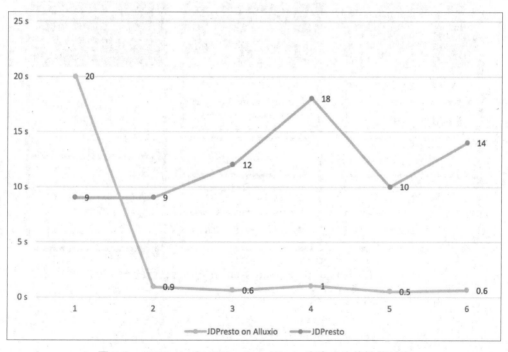

图 7-7　Presto Web UI 展示的查询性能对比

图 7-8　JDPresto 和 JDPrestoonAlluxio 查询 6 次的性能对比

7.2.4　JDPresto on Alluxio 的应用总结

为了达到本节中的优化效果，我们开展大量工作，包括修改 Alluxio 和 JDPresto，以及开发一些测试工具。如图 7-9 所示，我们还围绕 ApponYarn 进行了一些工作。同时，我们正在积极地调研和评估，把 Alluxio 应用在其他计算框架中。在应用 Alluxio 的过程中，我们理解到 Alluxio 作为分布式缓存未必适用于所有的应用场景。大数据平台架构师需要深入理解 Alluxio 的工作原理，并结合自己公司的业务特点，找到适合的应用场景。

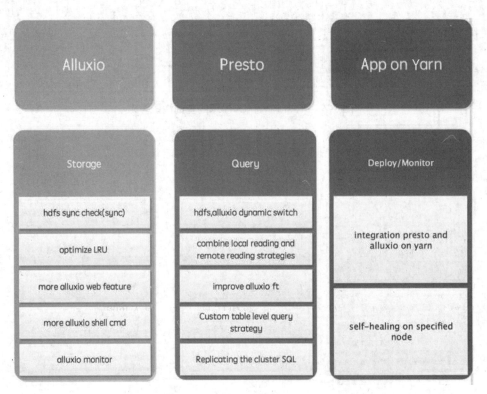

图 7-9　京东在 Alluxio、Presto、App on Yarn 上进行的一些工作

7.3　Alluxio 在携程实时计算平台中的应用与实践

进入大数据时代，实时计算在现实应用中的地位越来越重要。部分实时计算作业和离线计算作业往往需要共享数据。实践中使用统一的资源调度平台能够在一定程度上减少运维工作，但同时也会带来一些问题。本节将介绍携程大数据平台是如何引入 Alluxio 来解决 HDFS 停机维护影响实时计算作业的问题的。该方案能够在保证实时作业不中断的同时，减少对 HDFS Namenode 的访问压力，并且加快部分 Spark SQL 作业的执行效率。

7.3.1　携程实时计算的应用背景

携程作为中国旅游业的龙头企业，于 2003 年在美国上市。发展至今，携程对外提供酒店、机票、火车票预订，以及度假、旅游规划等线上服务，每天线上有上亿的访问量。与此同时，大量的用户访问行为产生了海量的数据，这些数据最终会以不同的形式存储到大数据平台上。

为了对这些数据进行分析，我们的集群每天运行大量的离线和实时大数据计算作业。主集群已经突破千台的规模，存储的数据量超过 50PB，每日的增量约 400TB。巨大的数据量和每天近 30 万个作业给存储和计算带来了很大的挑战。

在 HDFS Namenode 存储大量元数据的同时，文件数和 block 数给单点的 namenode 处理能力带来了很大的压力。因为数据需要共享，所以只能使用一套 HDFS 来存储数据，而实时存储的数据也必须写入 HDFS。

为了缓解 namenode 的压力，我们需要对 namenode 进行源代码级别的性能优化，并进行停机维护。而 HDFS 的停机会导致大量需要将数据存储到 HDFS 的 Spark Streaming 作业出错，对那些实时性要求比较高的作业，如实时推荐系统，这种停机维护带来的影响是需要极力避免的。

图 7-10 所示为携程大数据平台架构图,DataSource 为不同的数据源,包括日志信息、订单信息等。它们通过携程自己研发的中间件可以直接落地到 HDFS,也可以被 Spark Streaming 消费之后再落地到 HDFS。Streaming 计算的结果有的直接存储到 Redis 或 ElasticSearch 等快速查询平台,而有些 Streaming 计算的实时数据需要和历史数据进行再计算,因此需要存储到 HDFS 上。按照业务层不同的需求,我们提供了不同的计算引擎来对 HDFS 上的数据进行计算。运行速度较快的 Spark SQL 和 Kylin 主要用于 OLAP 业务,Hive 和 Spark SQL 同时用于执行 ETL 作业,Presto 主要用于 Ad Hoc 查询业务。

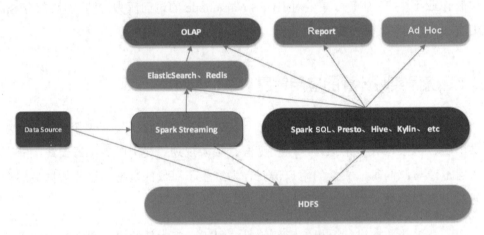

图 7-10　携程大数据平台架构图

上述架构能够满足大部分工作要求,但是随着集群规模的增大,业务作业的增多,集群面临了很大的挑战,其中也存在着诸多不足。上述架构存在以下几个问题。

(1)Spark Streaming 依赖于 HDFS,当 HDFS 进行停机维护的时候,将会导致大量的 Streaming 作业出错。

(2)Spark Streaming 在不进行小文件合并的情况下会生成大量的小文件,假设 Streaming 的 batch 时间为 10s,那么使用 Append 方式落地到 HDFS 的文件数一天能达到 8640 个,如果用户没有进行 Repartition 合并文件,那么文件数将会达到 Partition×8640 个。我们约有 400 个 Streaming 作业,每天落地的文件数量达到了 500 万个。目前我们集群的元数据中的文件个数已经达到了 6.4 亿个，虽然每天会有合并小文件的作业进行文件合并，但过高的文件增量给 namenode 造成了极大的压力。

（3）Spark Streaming 长时间占用上千 VCores 会对高峰时期的 ETL 作业产生影响。同时，在高峰期如果 Streaming 出错，进行作业重试时可能会出现长时间分配不到资源的情况。

为了解决上述问题，如图 7-11 所示，我们为 Spark Streaming 搭建了一套独立的 Hadoop 集群，包括独立的 HDFS、Yarn 等组件。

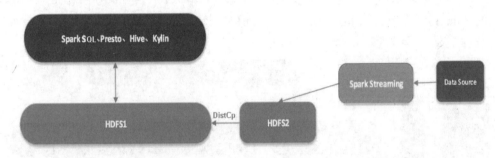

图 7-11　独立集群架构: HDFS2 独立于主集群 HDFS1 以提供资源隔离

虽然上述问题得到了一定程度的解决，但这个方案还会带来一些新问题。如果主集群需要访问实时集群中的数据，需要用户事先将数据 DistCp 到主集群，然后再进行数据分析，这个过程非常耗时和不便。除采用 DistCp 跨集群传输数据外，我们还想到了 Alluxio。

Alluxio 作为全球第一个以内存为中心的文件系统，具有高效的读写性能，能够同时提供统一的 API 以访问不同的存储系统。它架构在传统分布式文件系统和分布式计算框架之间，为上层计算框架提供了内存级别的数据读写服务。

Alluxio 可以支持目前几乎所有的主流分布式存储系统，通过简单配置或使用 `mount` 命令将 HDFS、S3 等挂载到 Alluxio 的命令空间下。这样我们就可以统一地通过 Alluxio 提供的 Schema 来访问不同存储系统的数据，极大地简化了客户端程序开发。

同时，对于存储在云端的数据或计算与存储分离的场景，可以通过将热点数据加载到 Alluxio，然后再使用计算引擎进行计算。这种方式极大地提高了计算的效率，而且减少了每次计算需要从远程读取数据的所导致的网络 I/O。我们利用 Alluxio 统一入口的特性，挂载了两个 HDFS 集群，从而实现了从 Alluxio 一个入口读取两个集群的功能，而具体访问哪个底层集群，完全由 Alluxio 帮我们实现。

7.3.2　基于 Alluxio 的跨集群数据共享方案与性能评估

为了解决数据跨集群共享的问题，我们引入并部署了具有良好的稳定性和高效性的 Alluxio，在引入 Alluxio 之后，大数据平台架构如图 7-12 所示。

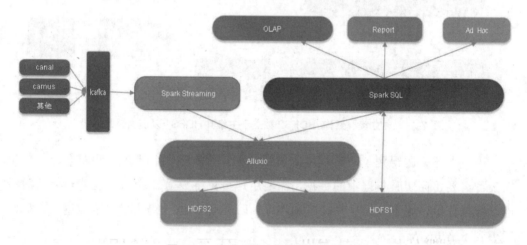

图 7-12　改进后的大数据平台架构图

从图 7-12 可以看到，Spark Streaming 数据直接存储到 Alluxio。Alluxio 将 HDFS1 和 HDFS2 分别挂载到两个路径下，可以通过执行以下命令实现：

```
$ alluxio fs mount /path/on/alluxio hdfs://namenode:port/path/on/hdfs
```

HDFS2 集群专门负责存储流计算的数据。数据收集到 Kafka 之后，Spark Streaming 对其进行消费，计算后的数据直接写入挂载了 HDFS2 集群的路径。Alluxio 很友好地为 client 提供了三种写策略，分别是 MUST_CACHE、CACHE_THROUGH、

THROUGH，这三种策略的具体含义分别是只写 Alluxio、同步到 HDFS、只写 HDFS。这里可以根据数据的重要性，采用不同的策略来写 Alluxio，重要的数据需要同步到 HDFS，允许丢失的数据可以采用只写 Alluxio 策略。

采用上述策略方案之后，我们发现 Alluxio 在一定程度上减少了 namenode 的压力。对于部分热点数据及多次使用的数据，我们会通过定时作业将该部分数据加载到 Alluxio，一方面加快了计算引擎加载数据的速度，另一方面减少了对 namenode 的数据访问请求次数。

此外，Alluxio 自身实现了 TTL 功能，只要对一个路径设置了 TTL，Alluxio 内部就会对这部分数据进行检测，当前时间减去路径的创建时间大于 TTL 数值的路径会触发 TTL 功能。

考虑到实用性，Alluxio 为我们提供了 Free 和 Delete 两种 Action。Delete 会将底层文件一同删除，Free 只删除 Alluxio 而不删除底层文件系统。为了减少 Alluxio 的内存压力，我们要求写到 Alluxio 中的数据必须设置一个 TTL，这样 Alluxio 会自动将过期数据删除（通过设置 Free Action 策略，可以删除 Alluxio 而不删除 HDFS）。对于从 Alluxio 内存中加载数据的 Spark SQL 作业，相较于原先的线上的作业直接从 HDFS 上读数据而言，能够普遍提高约 30%的执行效率。

7.4　去哪儿网利用 Alluxio 提升异地存储访问性能

随着互联网公司同质应用服务竞争日益激烈，业务部门亟须利用线上实时反馈数据辅助决策支持以提高服务水平。Alluxio 作为一个以内存为中心的虚拟分布式存储系统，在提升大数据系统性能及生态系统多组件整合的进程中扮演着重要角色。本节将介绍去哪儿网（Qunar）的一个基于 Alluxio 的实时日志流处理系统。Alluxio 在此系统中重点解决了异地数据存储和访问慢的问题，从而将生产环境中整个流处理流水线的总体性能提高了近 10 倍，而峰值时甚至达到了 300 倍左右。

7.4.1　去哪儿网流式处理背景简介

目前，去哪儿网的流处理流水线每天需要处理的业务日志量已超过千亿条。其中许多任务都需要保证在稳定的低延时情况下进行，快速迭代计算出结果并反馈到线上业务系统中。例如，无线应用的用户点击、搜索等行为产生的日志，会被实时抓取并写入流水线中，从而分析出对应的推荐信息，然后反馈给业务系统并展示在应用中。因此，如何保证数据的可靠性及低延时就成了整个系统开发和运维工作中的重中之重。

在本案例中，整个流处理计算系统部署在一个物理集群上，Mesos 负责资源的管理和分配，Spark Streaming 和 Flink 是主要的流计算引擎；存储系统 HDFS 位于另外一个远端机房，用于备份存储整个公司的日志信息；Alluxio 则作为核心存储层，与计算系统部署在一起。业务流水线每天会产生 4.5TB 左右的数据，写入存储层，并通过 Kafka 消费大约 60 亿条日志与存储层中的数据进行碰撞分析。Alluxio 对整个流处理系统带来的价值主要包括以下几点。

（1）利用 Alluxio 的分层存储特性：综合使用了内存、固态盘和磁盘多种存储资源。通过 Alluxio 提供的 LRU、LFU 等缓存策略可以保证热数据一直保留在内存中，冷数据则被持久化到 level 2 甚至 level 3 的存储设备上；而 HDFS 作为长期的文件备份系统。

（2）利用 Alluxio 支持多个计算框架的特性：通过 Alluxio 实现 Spark 及 Zeppelin 等计算框架之间的数据共享，并且达到内存级的文件传输速率；另外，去哪儿网还计划将 Flink 和 Presto 业务迁移到 Alluxio 上。

（3）利用 Alluxio 的统一命名空间特性：便捷地管理远程的 HDFS 底层存储系统，并向上层提供统一的命名空间，计算框架和应用能够通过 Alluxio 统一访问不同数据源的数据。

（4）利用 Alluxio 提供的多种易于使用的 API：降低了用户的学习成本，方便将原先的整个系统迁移至 Alluxio，并使功能验证和数据验证变得轻松许多。

（5）利用 Alluxio 解决了原有系统中"Spark 任务无法完成"的问题：原系统中当某个 Spark executor 失败退出后，会被 Mesos 重新调度到集群的任何一个节点上，即使设置了保留上下文，也会因为 executor 的"漂移"而导致任务无法完成。新系统中 Alluxio 将数据的计算与存储隔离开来，计算数据不会因 executor 的"漂移"而丢失，从而解决了这一问题。

7.4.2 节及 7.4.3 节将详细对比分析 Qunar 原有流处理系统和引入 Alluxio 改进后的流处理系统，最后我们会简述下一步的规划和对 Alluxio 未来方向的期待。

7.4.2　原有系统架构及相关问题分析

实时流处理系统选择了 Mesos 作为基础架构层（Infrastructure Layer）。如图 7-13所示，在原先的系统中，其余组件都运行在 Mesos 之上，包括 Spark、Flink、Logstash 及 Kibana 等。其中主要用于流式计算的组件为 Spark Streaming，在运行时，Spark Streaming 向 Mesos 申请资源，注册一个 Mesos Framework，并通过 Mesos 调度任务。

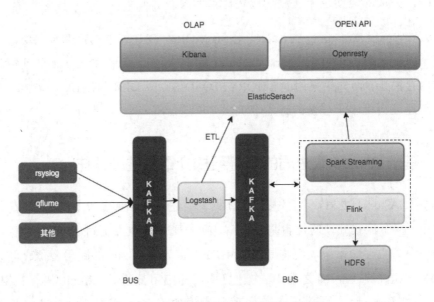

图 7-13　去哪儿网原有实时数据处理流程

在图 7-13 的流处理系统中，待处理的日志数据来自多个数据源，由 Kafka 进行汇总，数据流在经过了 Logstash 集群清洗后再次写入 Kafka 暂存，后续由 Spark Streaming 和 Flink 等流式计算框架消费这些数据，计算的结果写入 HDFS。在原先的数据处理过程中，主要存在着以下性能瓶颈。

（1）用于存放输入/输出数据的 HDFS 位于一个远程存储集群中（物理位置上位于另一个机房）。本地计算集群与远程存储集群存在较高的网络延迟，频繁的远程数据交换成为整个流处理过程的一大瓶颈。

（2）HDFS 的设计是基于磁盘的，其 I/O 性能，尤其是写数据性能难以满足流式计算所要求的低延时；Spark Streaming 在进行计算时，每个 Spark executor 都要从 HDFS 中读取数据，重复的跨机房读文件操作进一步拖慢了流式计算的整体效率。

（3）由于 Spark Streaming 被部署在 Mesos 之上，当某个 executor 失效时，Mesos 可能会在另一个节点重启这个 executor，但是之前失效节点的 checkpoint 信息不能被重复利用，计算任务无法顺利完成。而即便 executor 在同一节点上被重启，任务可以完成时，完成的速度也无法满足流式计算的要求。

（4）在 Spark Streaming 中，若使用 MEMORY_ONLY 方式管理数据块，则会有大量甚至重复的数据块位于 Spark executor 的 JVM 中，不仅增大了 GC 开销，还可能导致内存溢出；而如果采用 MEMORY_TO_DISK 或 DISK_ONLY 的方式，则整体的流处理速度会受限于缓慢的磁盘 I/O。

7.4.3　基于 Alluxio 改进后的系统架构介绍与性能评估

在引入 Alluxio 之后，我们很好地解决了上述问题。如图 7-14 所示，在新的系统架构中，整个流式处理的逻辑基本不变。唯一变化的地方是用 Alluxio 代替原先的 HDFS 作为核心存储系统，而将原来的 HDFS 作为 Alluxio 的底层备份存储系统。Alluxio 同样运行在 Mesos 之上，各个计算框架和应用都通过 Alluxio 进行数据交换，由 Alluxio 提供高速的数据访问服务并维护数据的可靠性，仅将最终输出结果备份至远程 HDFS 存储集群中。

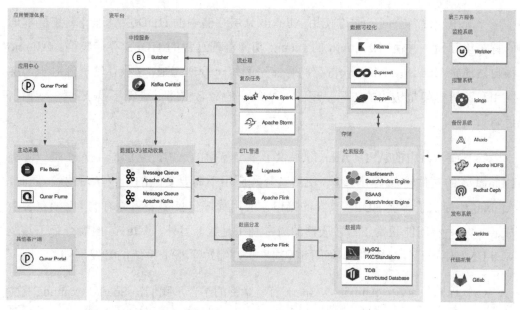

图 7-14　去哪儿网基于 Alluxio 改进后的实时数据处理系统架构

　　在新的系统架构中，最初的输入数据仍然经过 Kafka 过滤，交由 Spark Streaming
消费。不同的是，Spark Streaming 在计算时产生的大量中间结果及最终的输出结果
都存放在 Alluxio 中，避免与较慢的远程 HDFS 集群进行交互，并且存放在 Alluxio
中的数据也能够很方便地与上层组件，如 Flink、Zeppelin 进行共享。在整个过程中，
Alluxio 的一些重要特性对整个流水线的性能提升起到了重要的作用。

　　（1）支持分层存储：我们在每个计算节点上都部署了 Alluxio Worker 管理本地的存
储介质，包括内存、SSD 和磁盘，构成了层次化的存储层。每个节点上流计算相关的
数据会被尽可能地存放在本地，避免消耗网络资源。同时，Alluxio 自身提供了 LRU、
LFU 等高效的替换策略，能够保证热数据位于速度较快的内存层中，提高了数据访问
速率；即便是冷数据也是存放在本地磁盘中，不会直接输出到远程 HDFS 存储集群。

　　（2）跨计算框架数据共享：在新的系统架构中，除 Spark Streaming 外，其他
组件如 Zeppelin 等也需要使用 Alluxio 中存放的数据。另外，Spark Streaming 和 Spark
batch job 可以通过 Alluxio 相连并从中读取或写入数据，从而实现内存级别的数据
传输。

（3）统一命名空间：通过使用 Alluxio 分层存储中的 HDD 层管理计算集群本地的持久化存储，并使用 Alluxio 的 mount 功能管理远程的 HDFS 存储集群。Alluxio 很自然地将 HDFS 及 Alluxio 自身的存储空间统一管理起来。这些存储资源对于上层应用和计算框架是透明的，只呈现了一个统一的命名空间，避免了复杂的输入/输出逻辑。

（4）简洁易用的 API：Alluxio 提供了多套易用的 API，它的原生 API 是一套类似 java.io 的文件输入/输出接口，使用其开发应用不需要复杂的用户学习曲线。同时，Alluxio 还提供了一套 HDFS 兼容的接口，应用程序仅仅需要将原有的 `hdfs://` 替换成 `alluxio://` 就能正常工作，迁移的成本几乎是零。另外，Alluxio 的命令行工具及 Web UI 方便了开发过程中的验证和调试步骤，缩短了整个系统的开发周期。

（5）提高稳定性：Alluxio 与 Spark 有着紧密的结合，我们在 Spark Streaming 将主要数据存放在 Alluxio 中而不是 Spark executor 的 JVM 中，由于存储位置同样是本地内存，因此不会拖慢数据处理的性能，反而能够减少 Java GC 的开销。同时，这一做法也避免了因同一节点上数据块的冗余而造成的内存溢出。我们还将 Spark Steaming 计算的中间结果即对 RDD 的 checkpoint 存储在 Alluxio 上。

通过利用 Alluxio 众多特性，以及将数据从远程 HDFS 存储集群预取至本地 Alluxio 等优化方式，整个流处理流水线中的数据交互过程由网络 I/O 转移到本地集群的内存中，从而极大地提升了数据处理的整体吞吐率，降低了响应延时，满足了流处理的需求。图 7-15 所示为线上 micro batch 实时监控（间隔 10 分钟）的吞吐量性能对比图，从中可以看到平均处理吞吐量从由以前单个 mirco batch 周期为 20～300eps，提升到较为稳定的 7800eps，平均的处理时间从 8 分钟左右降低到 30～40 秒，整个流处理加速 16～300 倍。尤其是在网络繁忙拥挤时，上百倍的加速效果尤为明显。

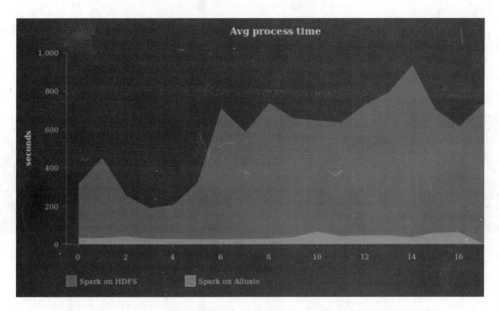

图 7-15　线上 micro batch 实时监控（间隔 10 分钟）的吞吐量性能对比图

图 7-16 所示为线上 micro batch 实时监控（间隔 10 分钟）的 Kafka 消费指标性能变化图，从中可以看到消费速度也从以前的 200K 条消息稳定提升到约 1200K 条。

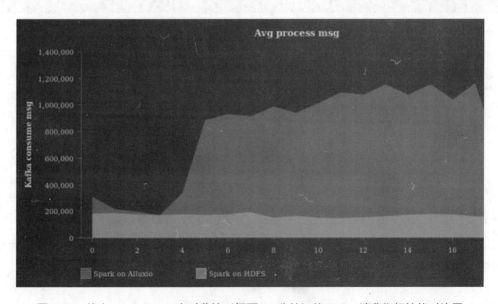

图 7-16　线上 micro batch 实时监控（间隔 10 分钟）的 Kafka 消费指标性能对比图

另外，利用 Alluxio 自带的 metrics 组件可以将监控数据发送到 graphite，以方便来监控 Alluxio 的 JVM 及 FileSystem 状态。Alluxio Master 的 Heap 内存占用率如图 7-17 所示，从图中可以看到 Alluxio Master 的 Heap 内存占用率维持在较低水平。

图 7-17　Alluxio Master 的 Heap 内存占用率

同期文件数量和操作结果统计如图 7-18 所示。

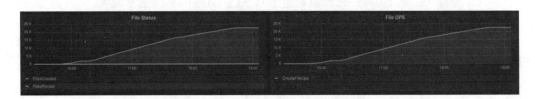

图 7-18　同期文件数量和操作结果统计

7.5　百度基于 Alluxio 加速远程数据读取

Alluxio 统一了不同数据处理系统的数据访问方式，并支持对接现有多种不同持久化存储系统作为其底层存储系统。底层存储系统的部署安装不一定需要和 Alluxio 同置。当底层存储位于远程位置的情况下，Alluxio 还可以通过缓存功能提升上层应用的数据读取速度。在本节中，我们将介绍百度是如何通过 Alluxio 提升跨数据中心远程数据读取速度的。

7.5.1　百度跨机房数据查询问题的描述

在百度内部，我们使用 Spark SQL 进行大数据分析工作。由于 Spark 是一个基于内存的计算平台，我们预计绝大部分的数据查询应该在几秒或十几秒内完成以达到交互查询的目的。可是在 Spark 计算平台的运行中，我们却发现查询都需要上百秒才能完成，其原因如图 7-19 所示。我们的计算资源（Data Center 1）与数据仓库（Data Center 2）可能并不在同一个数据中心里面，在这种情况下，我们每一次数据查询都可能需要从远端的数据中心读取数据。由于数据中心间的网络带宽及延时的问题，使每次查询都需要较长的时间（超过 100 秒）才能完成。更糟糕的是，用户提交的查询请求的重复率很高，同样的数据很可能会被查询多次，如果每次都从远端的数据中心读取，必然造成资源浪费。

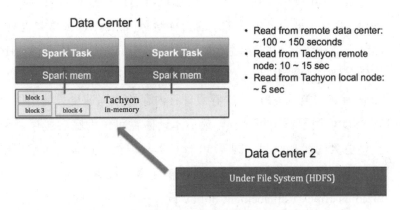

图 7-19　数据存储在不同位置的读取耗时对比

7.5.2　使用 Alluxio 缓存远端数据的方案与效果

为了解决这个问题，我们从 2014 年年底开始关注 Alluxio（当时还称为 Tachyon）。我们借助 Alluxio，尽量避免跨数据中心读取数据。当 Alluxio 被部署到 Spark 所在的数据中心后，每次数据冷查询时，我们还是从远端数据仓库读取数据，但是当数据再次被查询时，Spark 将从同一数据中心的 Alluxio 中读取数据，从而提高查询性能。实验表明：如果从非本机的 Alluxio 读取数据，耗时降到 10～15 秒，比原来的性能提高了 10 倍；最好的情况下，如果从本机的 Alluxio 读数据，查询仅需 5 秒，比原来的性能提高了 30 倍，效果相当明显。

在使用了这个优化后，热查询性能达到了交互查询应用的要求，可是冷查询的用户体验还是很差。在分析了用户行为后，我们发现用户查询的模式比较固定，例如，很多用户每天都会运行同一个查询程序，只是所使用过滤数据的日期会发生改变。借助该特性，我们可以根据用户的需求进行线下预查询，提前把所需要的数据导入 Alluxio，从而减少用户冷查询的情况发生。

7.5.3 使用 Alluxio 分层存储的方案与效果

我们把 Alluxio 当作缓存来使用，但是每台机器的内存有限，内存很快会被用完。如果我们有 50 台机器，每台分配 20GB 的内存给 Alluxio，那么总共也只有 1TB 的缓存空间，远远不能满足我们的存储需求。Alluxio 中有一个重要特性：Hierarchical Storage（层次化存储），即使用不同的存储媒介对数据分层次缓存，满足了我们的需求。如图 7-20 所示，它类于 CPU 的缓存设计：内存的读写速度最快所以可用于第 0 级缓存，然后 SSD 可用于第 1 级缓存，最后本地磁盘可作为底层缓存。这样的设计可以为我们提供更大的缓存空间，同样 50 台机器，现在我们每台可配置出 20TB 的缓存空间，使总缓存空间达到 1PB，基本可以满足我们的存储需求。与 CPU 缓存类似，如果 Alluxio 的 Block Replacement Policy 设计得当，99%的请求可以被第 0 级缓存（内存）所满足，从而在绝大部分时间可以做到秒级响应。

当 Alluxio 收到读请求时，它首先检查数据是否在第 0 层，如果命中，直接返回数据，否则它会查询下一层缓存，直到找到被请求的数据为止。数据找到后会直接返回给用户，并会被提升到第 0 层缓存，然后第 0 层被替换的数据 block 会被 LRU 算法置换到下一层缓存。如此一来，如果用户再次请求相同的数据就会直接从第 0 层快速得到，从而充分发挥缓存本地性的特性。

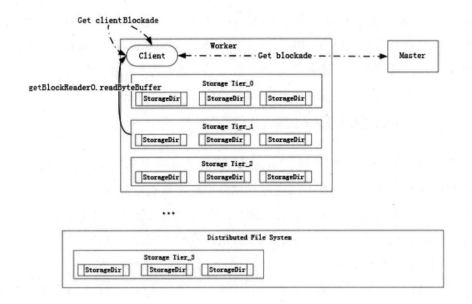

图 7-20　Alluxio 层次化存储架构图

当 Alluxio 收到写请求时，它首先检查第 0 层是否有足够空间，如果有，则直接写入数据后返回。否则它会查询下一层缓存，直到找到一层缓存有足够空间，然后把上一层的一个 Block 用 LRU 算法推到下一层，如此类推，直到第 0 层有足够空间以写入新的数据，然后再返回。这么做的目的是保证数据被写入第 0 层，如果读请求马上发生在写请求后，数据就可以快速被读取。可是，这样做的话写的性能有可能变得很差，例如，头两层缓存都满的话，它需要把一个 Block 从第 1 层丢到第 2 层，再把一个 Block 从第 0 层丢到第 1 层，然后才能写数据到第 0 层，再返回给用户。

针对这个问题我们做了个优化：不再层层类推腾出空间，我们的算法直接把数据写入有足够空间的缓存层，然后快速返回给用户。如果缓存全满，则把底层的一个 Block 置换掉，然后把数据写入底层缓存后返回。经过实验，我们发现优化后的做法会把写延时降低约 50%，大大提高了写的效率。但是读效率又如何呢？由于在 Alluxio 里，写是通过 Memory-Mapped File 进行的，所以先写入内存，再 Flush 到磁盘，如果读是马上发生在写之后的话，其实会从操作系统的 Buffer，也就是内存里读数据，因此读的性能也不会下降。

179

Hierarchical Storage 很好地解决了我们缓存不够用的问题，下一步我们将继续对其进行优化。例如，现在它只有 LRU 一种置换算法，并不能满足所有的应用场景，我们将针对不同的场景设计更高效的置换算法，尽量提高缓存命中率。

7.5.4　基于 Alluxio 提速远程数据访问的总结

我们成功部署了 1000 个节点的 Alluxio 集群，这应该是世界最大的 Alluxio 集群之一。此集群总共提供超过 50TB 的内存存储，已经在百度内部稳定运行，现在有不同的百度业务在上面试运行及进行压力测试。在百度的图搜变现业务上，我们与社区合作在 Alluxio 上搭建了一个高性能的键-值对存储系统，提供线上图片服务。同时，由于图片直接存在 Alluxio 里，我们的线下计算可以直接从 Alluxio 中读取图片。这使我们将线上及线下系统整合成一个系统，既简化了开发流程，又节省了存储资源，达到了事半功倍的效果。

我们相信更细的分工会达到更高的效率。Spark 作为一个内存计算平台，如果使用过多的资源缓存数据，会引发频繁的垃圾回收，造成系统的不稳定或影响性能。在使用 Spark 的初期，系统不稳定是我们面临的最大挑战，而频繁的垃圾回收正是引起系统不稳定最大的原因。当一次垃圾回收耗时过长时，Spark Worker 会变得响应非常不及时，很容易被误认为已经崩溃，导致任务重新执行。Alluxio 通过把内存存储的功能从 Spark 中分离出来，让 Spark 更专注在计算本身，从而很好地解决了这个问题。我们可以预期，在未来一段时间里服务器可使用的内存会不断增长，Alluxio 会在大数据平台中发挥越来越重要的作用。现在 Alluxio 还处于蓬勃发展期，有兴趣的同学们可以多关注 Alluxio，到社区里进行技术讨论及功能开发。

## 第8章

Alluxio 的开源社区开发者指南

Alluxio 项目自 2013 年开源以来，社区发展非常迅速，贡献者数量超过 1000 人。Alluxio 项目是大数据系统软件领域历史上成长十分快速的项目之一。Alluxio 项目的长足发展离不开 Alluxio 开源社区贡献者的大量贡献。大量的社区贡献者能够高效地进行协同开发工作，离不开 Alluxio 开源社区提供的一整套完善的开源贡献标准处理流程。为了吸引更多的贡献者参与到 Alluxio 项目的贡献中，并为读者进行协同项目开发提供参考建议，本章将简要介绍 Alluxio 开源社区的开发者指南。

8.1 Alluxio 的源代码规范

本节介绍 Alluxio 开源社区的源代码管理规范，包括代码风格要求、单元测试、日志系统、RPC 定义、文件系统日志消息等。

8.1.1　源代码风格要求

Alluxio 源代码中的 Java 代码遵循 Google Java Style Guide[①]，但包括以下几点不同。

（1）每行最多 100 个字符。

（2）第三方导入被整理到一起使 IDE 格式化起来更简单。

（3）类成员变量名使用字母 m 作为前缀，如下：

```
private WorkerClient mWorkerClient
```

（4）静态类成员变量名使用字母 s 作为前缀，如下：

```
public static String sUnderFSAddress
```

Alluxio 源代码中的 Bash 脚本遵循 Google Shell Style Guide[②]，且必须兼容 Bash 3.x 版本。

如果开发者习惯使用 Eclipse 作为 IDE，可以导入 Alluxio 源代码库中提供的 Eclipse formatter[③]。另外，如图 8-1 所示，为了能够正确地组织 Java 文件中的 Imports，要配置"Organize Imports"。

如果开发者使用 IntelliJ IDEA，可以使用 IntelliJ IDEA 提供的 Eclipse Code Formatter Plugin[④]来导入 Eclipse formatter。具体的步骤参见文档[⑤]。如图 8-2 所示，要 IntelliJ IDEA 自动格式化 import，可以在 Preferences→Code Style→Java→Imports→Import 中设置 Layout 为如下顺序。

[①] https://google.github.io/styleguide/javaguide.html。

[②] https://google.github.io/styleguide/shell.xml。

[③] 位于${ALLUXIO_HOME}/docs/resources/alluxio-code-formatter-eclipse.xml。

[④] http://plugins.jetbrains.com/plugin/6546。

[⑤] https://github.com/krasa/EclipseCodeFormatter#instructions。

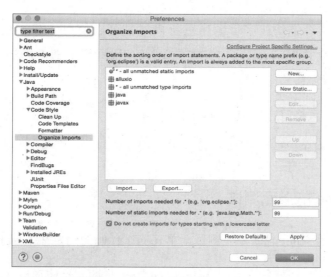

图 8-1　配置 Eclipse IDE 中的 "Organize Imports"

图 8-2　IntelliJ 自动格式化 import 配置方式

如果要自动将方法按字母顺序重新排序，可以使用 Rearranger 插件，打开 "Preferences"，查找 "Rearrager"，去除不必要的内容，然后右击，选择 "Rearranger"，代码将格式化成你需要的风格。

为验证编码风格符合标准，可以执行 checkstyle 子命令，并保证没有警告：

```
$ mvn checkstyle:checkstyle
```

8.1.2 Alluxio 的单元测试

Alluxio 使用 JUnit 4[1]做单元测试，单元测试代码的约定如下所示。

（1）对 src/main/java/ClassName.java 的测试应该运行为 src/test/java/ClassNameTest.java。

（2）测试不需要处理或记录特定的检查异常，更倾向于简单地添加 throws Exception 到方法声明中。

（3）目标是保持测试简明扼要而不需要注释帮助理解。

8.1.3 Alluxio 的日志系统

Alluxio 使用 SLF4J[2]记录日志，典型用法如下：

```
import org.slf4j.Logger;
import org.slf4j.LoggerFactory;

public MyClass {
  private static final Logger LOG = LoggerFactory.getLogger(MyClass.class);
  public void someMethod() {
    LOG.info("Hello world");
```

---

① https://junit.org/junit4/。

② https://www.slf4j.org/。

```
    }
}
```

下面是 Alluxio 源代码对不同类别日志的约定。

（1）错误级别日志（`LOG.error`）表示无法恢复的系统级问题。错误级别日志需要包括堆栈跟踪信息。

```
LOG.error("Failed to do something due to an exception", e);
```

（2）警告级别日志（`LOG.warn`）常用于描述用户预期行为与 Alluxio 实践行为之间的差异。警告级别日志伴有异常消息。相关的堆栈跟踪信息可能在调试级日志中记录。

```
LOG.warn("Failed to do something due to {}", e.getMessage());
```

（3）信息级别日志（`LOG.info`）记录了重要系统状态的更改信息。当有错误消息或需要记录堆栈跟踪信息时，请不要使用信息级别日志。需要注意的是，该日志级别不应该出现在频繁使用的关键路径上的程序中，以避免对性能产生不利影响。

```
LOG.info("Master started.");
```

（4）调试级别日志（`LOG.debug`）包括 Alluxio 系统各方面的详细信息。控制流日志记录（Alluxio 系统的进入和退出调用）在调试级别日志中完成。调试级别日志异常通常有包含堆栈跟踪的具体信息。

```
LOG.debug("Failed to connec to {} due to exception", host + ":" + port, e);
// wrong
LOG.debug("Failed to connec to {} due to exception", mAddress, e); // OK
if (LOG.isDebugEnabled()) {
  LOG.debug("Failed to connec to address {} due to exception", host + ":" + port,
e); // OK
}
```

（5）跟踪级别日志（`LOG.trace`）在 Alluxio 中不使用。

8.1.4　Alluxio 的 RPC 定义

Alluxio 1.8 使用 Thrift[①]来完成客户端与服务端的 RPC 通信。`common/src/thrift/`目录下的`.thrift` 文件，一方面用于自动生成客户端调用 RPC 的 Java 代码，另一方面用于实现服务端的 RPC。要想更改一个 Thrift 定义，首先必须安装 Thrift 的编译器。如果你的机器上有 `brew`，你可以通过执行以下命令来完成。

```
$ brew install thrift
```

然后重新生成 Java 代码，执行以下命令：

```
$ bin/alluxio thriftGen
```

8.1.5　Alluxio 文件系统日志消息

Alluxio 1.8 使用 Protocol Buffer[②]来读写日志消息。`servers/src/proto/journal/`目录下的`.proto` 文件用于为 Protocol Buffer 消息自动生成 Java 定义。如果需要修改这些消息，首先要读取更新消息类型，从而保证你的修改不会破坏向后兼容性。然后请安装 `protoc`。如果你的机器上有 `brew`，可以通过执行以下命令来完成。

```
$ brew install protobuf@2.5
$ brew link --force protobuf@2.5
```

然后重新生成 Java 代码，执行以下命令：

```
$ bin/alluxio protoGen
```

---

① https://thrift.apache.org/。

② https://developers.google.com/protocol-buffers/。

8.2　Alluxio 的单元测试流程介绍

Alluxio 源代码库期望单元测试能服务以下几个目标。

（1）展示如何使用测试对象的功能。

（2）检测测试对象是否符合其设计规格。

（3）保障当代码被重构时，新的代码仍满足相同功能。

8.2.1　运行 Alluxio 单元测试

使用本地文件系统作为底层文件系统，运行所有单元测试：

```
$ cd ${ALLUXIO_HOME}
$ mvn test
```

如果所有测试顺利通过，mvn 会显示"BUILD SUCCESS"；否则会显示失败的测试名称。

如果要运行某一个指定的单元测试，例如，运行 alluxio.client.fs.FileSystemIntegrationTest：

```
$ mvn -Dtest=alluxio.client.fs.FileSystemIntegrationTest -DfailIfNoTests=
false test
```

开发者也可以只运行指定单元测试中的指定测试用例，例如，运行 alluxio.client.fs.FileSystemIntegrationTest 中的 createFile 用例：

```
$ mvn -Dtest=alluxio.client.fs.FileSystemIntegrationTest#createFile
-DfailIfNoTests =false test
```

开发者可以运行特定模块下的所有单元测试，请在想要测试的子模块下执行 `mvn test` 命令。例如，要运行 `HDFS UFS` 模块测试，可以执行以下命令：

```
$ cd ${ALLUXIO_HOME}/underfs/hdfs
$ mvn test
```

也可以在`${ALLUXIO_HOME}`下直接运行：

```
$ mvn test -pl underfs/hdfs
```

开发者也可以指定运行模块单元测试的 Hadoop 版本，Alluxio 会创建该版本的模拟 HDFS 服务来进行测试。例如，使用 Hadoop 2.7.0 来模拟测试：

```
$ mvn test -pl underfs/hdfs -Phadoop-2 -Dhadoop.version=2.7.0
```

也可以使用 Hadoop 3.0.0 来模拟测试：

```
$ mvn test -pl underfs/hdfs -Phadoop-3 -Dhadoop.version=3.0.0
```

除了使用模拟的 HDFS 服务，开发者也可以使用一个正在运行的真正的 HDFS 服务来对 Alluxio 的 HDFS 底层文件系统进行更加全面的测试：

```
$ mvn test -pl underfs/hdfs -PufsContractTest -DtestHdfsBaseDir=hdfs: //
ip:port/alluxio_test
```

要想测试日志输出到 STDOUT，可以在 `mvn` 命令后添加以下参数：

```
-Dtest.output.redirect=false -Dalluxio.root.logger=DEBUG,CONSOLE
```

8.2.2　创建 Alluxio 单元测试

如果创建类的实例需要一些准备工作,创建一个`@Before`方法来执行常用的设置。该`@Before`方法在每个单元测试之前被自动运行。只有适用于所有测试的设置才能作为通用设置。特定的测试设置应该在本地需要它的测试中完成。在这个例子中，我们测试 `BlockMaster`,它依赖于日志、`TestClock` 和 executor service。我们提供的 executor service 和日志是真正的实现，`TestClock` 是可以由单元测试来控制的伪时钟。

```
@Before
public void before() throws Exception {
  Journal  blockJournal  =  new  ReadWriteJournal(mTestFolder.newFolder().
getAbsolutePath());
  mClock = new TestClock();
  mExecutorService =
      Executors.newFixedThreadPool(2,
ThreadFactoryUtils.build("TestBlockMaster-%d", true));
  mMaster = new BlockMaster(blockJournal, mClock, mExecutorService);
  mMaster.start(true);
}
```

如果任何在@Before 中创建的东西需要进行清理（如一个 BlockMaster），创建一个@After 方法来做清理。此方法在每次测试后被自动调用。

```
@After
public void after() throws Exception {
  mMaster.stop();
}
```

确定一个功能性元素来测试。你决定要测试的功能应该是公共 API 的一部分，而不应该与实现的细节相关。测试应专注于只测试一项功能。

首先，给你的测试起一个名字，来描述它测试的功能。被测试的功能最好足够简单，以便用一个名字就能表示，如 removeNonexistentBlockThrowsException、mkdirCreatesDirectory 或 cannotMkdirExistingFile。

```
@Test
public void detectLostWorker() throws Exception {
```

其次，设置需要测试的场景。这里我们注册一个 worker，然后模拟一小时。HeartbeatScheduler 部分确保丢失 worker 的 heartbeat 至少执行一次。

```
 // Register a worker.
 long worker1 = mMaster.getWorkerId(NET_ADDRESS_1);
 mMaster.workerRegister(worker1,
```

```
        ImmutableList.of("MEM"),
        ImmutableMap.of("MEM", 100L),
        ImmutableMap.of("MEM", 10L),
        NO_BLOCKS_ON_TIERS);

    // Advance the block master's clock by an hour so that the worker appears
lost.
     mClock.setTimeMs(System.currentTimeMillis() + Constants.HOUR_MS);

    // Run the lost worker detector.
     HeartbeatScheduler.await(HeartbeatContext.MASTER_LOST_WORKER_DETECTION,
1, TimeUnit.SECONDS);
     HeartbeatScheduler.schedule(HeartbeatContext.MASTER_LOST_WORKER_
DETECTION);
     HeartbeatScheduler.await(HeartbeatContext.MASTER_LOST_WORKER_DETECTION,
1, TimeUnit.SECONDS);
```

然后检查执行结果是否正确：

```
// Make sure the worker is detected as lost.
  Set<WorkerInfo> info = mMaster.getLostWorkersInfo();
  Assert.assertEquals(worker1, Iterables.getOnlyElement(info).getId());
}
```

接着，循环回到上述步骤，直到类的整个公共 API 都已经被测试。

8.2.3 单元测试需要避免的情况

单元测试需要避免的情况如下所示。

（1）避免随机性。边缘检测应被明确处理。

（2）避免通过调用 `Thread.sleep()` 来等待。这会导致单元测试变慢，如果时间不够长，可能导致时间片测试的失败。

（3）避免使用白盒测试，这会混乱测试对象的内部状态。如果你需要模拟一个依赖组件，则改变测试对象，将依赖组件作为其构造函数的参数。

（4）避免低效测试。模拟花销较大的依赖关系，将各个测试时间控制为 100ms 以内。

8.2.4　Alluxio 单元测试的全局状态管理

一个模块中的所有测试在同一个 JVM 上运行，因此妥善管理全局状态是非常重要的，这样测试才不会互相干扰。全局状态包括系统性能、Alluxio 配置，以及任何静态字段。我们对管理全局状态的解决方案是使用 JUnit 对 `@Rules` 的支持。

8.2.4.1　在测试过程中更改 Alluxio 配置

一些单元测试需要测试不同配置下的 Alluxio。这需要修改全局 Configuration 对象。当在一个套件中的所有测试都需要配置参数时，设置某一个方式，用 ConfigurationRule 对它们进行设置：

```
@Rule
public  ConfigurationRule  mConfigurationRule  =  new  ConfigurationRule
(ImmutableMap.of(
    PropertyKey.key1, "value1",
    PropertyKey.key2, "value2"));
```

对于一个单独测试需要的配置更改，请使用 `Configuration.set(key, value)`，并创建一个 `@After` 方法来清理测试后的配置更改：

```
@After
public void after() {
  ConfigurationTestUtils.resetConfiguration();
}

@Test
public void testSomething() {
```

```
Configuration.set(PropertyKey.key, "value");
...
}
```

8.2.4.2　在测试过程中更改系统属性

如果你在测试套件期间需要更改一个系统属性，请使用 `SystemPropertyRule`：

```
@Rule
public SystemPropertyRule mSystemPropertyRule = new SystemPropertyRule
("propertyName", "value");
```

在一个特定的测试中设置系统属性，请在 **try-catch** 语句中使用 `SetAndRestoreSystemProperty`：

```
@Test
public void test() {
  try (SetAndRestorySystemProperty p = new SetAndRestorySystemProperty
("propertyKey", "propertyValue")) {
    // Test something with propertyKey set to propertyValue.
  }
}
```

8.2.4.3　其他全局状态的管理

如果测试需要修改其他类型的全局状态，创建一个新的 `@Rule` 用于管理状态，这样就可以在测试中共享。例如，创建 `TtlIntervalRule`：

```
/**
 * Rule for temporarily setting the TTL (time to live) checking interval.
 */
public final class TtlIntervalRule implements TestRule {
  private final long mIntervalMs;

  /**
   * @param intervalMs the global checking interval (in ms) to temporarily
set
```

```
    */
  public TtlIntervalRule(long intervalMs) {
    mIntervalMs = intervalMs;
  }

  @Override
  public Statement apply(final Statement statement, Description description)
{
    return new Statement() {
      @Override
      public void evaluate() throws Throwable {
        long previousValue = TtlBucket.getTtlIntervalMs();
        Whitebox.setInternalState(TtlBucket.class,       "sTtlIntervalMs",
mIntervalMs);
        try {
          statement.evaluate();
        } finally {
          Whitebox.setInternalState(TtlBucket.class,       "sTtlIntervalMs",
previousValue);
        }
      }
    };
  }
}
```

8.3　贡献源代码至 Alluxio 开源社区

　　本节介绍贡献源代码至 Alluxio 开源社区需要做的准备工作，以及与开源社区交互的具体流程。

8.3.1　开发者的系统要求和环境准备

系统最基本的要求是一台安装了 Mac OS X 或 Linux 的电脑，Alluxio 1.8 及更早版本未对 Windows 系统提供支持。

在向 Alluxio 贡献源代码之前，还需要准备一些软件及账户，如下所示。

（1）Java 8：开发 Alluxio 需要 Java 8，如果你不确定你系统上的 Java 版本，可以输入以下命令进行确认：

```
$ java -version
```

如果你还未安装 Java，从 Java SDK[①]下载并安装。

（2）Maven：Alluxio 项目使用 Maven 来管理编译流程，如果你还未安装，可以先在 https://maven.apache.org/download.cgi 下载 Maven，并按照 Maven 官方文档[②]进行安装。

（3）Git：Alluxio 使用 Git 分布式版本控制系统来管理源代码，因此需要安装 Git。如果你还未安装 Git，请先参照指南[③]进行安装 Git。

（4）GitHub 账户：Alluxio 源代码托管在 GitHub[④]上，仓库地址为 https://github.com/Alluxio/alluxio。你需要一个 GitHub 账户来贡献源代码，如果还没有，请先注册一个 GitHub 账户。另外，你还需要知道你的 GitHub 账户绑定了哪个邮箱[⑤]。

8.3.2　下载 Alluxio 源代码并配置开发者邮箱

在向 Alluxio 贡献源代码之前，请首先复制（fork）Alluxio 源代码库到自己的代

---

① http://www.oracle.com/technetwork/java/javase/downloads/index.html。

② https://maven.apache.org/install.html。

③ https://git-scm.com/book/en/v2/Getting-Started-Installing-Git。

④ https://github.com/。

⑤ https://help.github.com/articles/adding-an-email-address-to-your-github-account/。

码仓库中。如果你还未这么做，首先进入 Alluxio 仓库，再单击页面右上角的"Fork"按钮，之后 GitHub 用户的仓库中便有了 Alluxio 源代码库的 fork 了。

下一步从该 fork 下载一个本地的副本，这会将开发者自己仓库中 fork 里的文件复制到本地电脑。使用以下命令创建副本：

```
$ git clone https://github.com/<YOUR-USERNAME>/alluxio.git
$ cd alluxio
```

将<YOUR-USERNAME>替换为开发者 GitHub 用户名，这会将副本下载至本地目录 alluxio/下。

为了将远程的 Alluxio 源代码改动更新到本地的副本中，需要创建一个指向远程 Alluxio 源代码库的源。在刚才创建的本地副本目录下执行以下命令：

```
$ git remote add upstream https://github.com/Alluxio/alluxio.git
```

执行以下命令可以查看远程仓库的 URL：

```
$ git remote -v
```

这会显示 origin（你的 fork）及 upstream（Alluxio 仓库）的 URL。

在向 Alluxio 提交 commit 之前，你需要先确认你的 Git 邮箱设置正确，请参考该邮箱设置指南[1]。

8.3.3　编译 Alluxio 源代码

既然你已经有了 Alluxio 源代码的一个本地副本，那现在就可以编译 Alluxio 了。在本地副本目录下，执行以下命令编译 Alluxio：

```
$ mvn clean install
```

该命令会编译整个 Alluxio，并且运行所有测试，这可能会花费几分钟。

---

[1] https://help.github.com/articles/setting-your-email-in-git/。

如果你仅仅只需要重新编译，而不需要运行检查和测试，可以运行：

```
$ mvn -T 2C clean install -DskipTests -Dmaven.javadoc.skip -Dfindbugs.skip
-Dcheckstyle.skip -Dlicense.skip
```

完成这一命令大约需要一分钟。开发者可以参考 1.2.2 节获取更多编译 Alluxio 的细节。

8.3.4　领取一个开发者新手任务

Alluxio 的任务中有许多不同的等级，它们分别是 New Contributor、Beginner、Intermediate、 Advanced。新的开发者应该在进行更高级的任务之前先完成两个 New Contributor 任务。New Contributor 任务非常容易，不需要了解过多的关于代码的细节；Beginner 任务通常只需要修改一个文件；Intermediate 任务通常需要修改多个文件，但都在同一个包下；Advanced 任务通常需要修改多个包下的多个文件。

我们鼓励所有新的代码贡献者在进行更难的任务之前先完成两个 New Contributor 任务，这是帮助大家熟悉向 Alluxio 贡献源代码的整个流程的好方法。

请浏览任何的未关闭的 New Contributor Alluxio Tasks[①]并找到一个还未被他人领取的任务，你可以点击 Assign to me 链接来领取该 ticket。另外你应该在开始进行该任务之前先领取它，从而让其他人知道有人在进行这个任务。

8.3.5　在本地副本中创建一个新的开发分支

在领取任务之后，切换到终端下，进入本地副本的目录，现在，我们开始动手修复吧！要向 Alluxio 提交一个修改，最好是为每一个 ticket 单独建一个分支，并且在该分支下进行修改。以下命令将展示如何创建一个新的分支。

首先，确保你在本地副本的 master 分支下，执行以下命令切换到 master 分支：

---

① https://github.com/Alluxio/new-contributor-tasks。

```
$ git checkout master
```

接着，你应当确保你的 master 分支里的代码与最新的 Alluxio 源代码同步，可以通过执行以下命令获取所有的代码更新：

```
$ git pull upstream master
```

这将会获取到 Alluxio 项目中所有的更新，并合并到你的本地 master 分支里。

现在，你可以新建一个分支来进行之前领取的 New Contributor 任务。执行以下命令创建一个名为 awesome_feature 的分支：

```
$ git checkout -b awesome_feature
```

这会创建该分支，并且切换到该分支下。现在，你可以修改相应的代码来处理该任务了！

8.3.6　提交本地的 commit

在你处理该任务时，可以为修改的代码提交本地的 commit，这在你完成了阶段性的修改时特别有用。执行以下命令将一个文件标记为准备提交阶段：

```
$ git add <file to stage>
```

一旦所有需要的文件都进入准备提交阶段后，可以运行以下命令提交包含这些修改的本地的 commit：

```
$ git commit -m "<concise but descriptive commit message>"
```

如果想了解更多信息，请参考 commit 提交指南[1]。

---

[1] https://git-scm.com/book/en/v2/Git-Basics-Recording-Changes-to-the-Repository。

8.3.7　提交一个社区 Pull Request

在完成了修复该 ticket 的所有修改后，就马上要向 Alluxio 项目提交一个 pull request。这里是一份提交 Pull Request 的详细指南[①]。我们以 Alluxio 项目为例，介绍一下通常的做法。

在提交了所有需要的本地 commit 后，开发者可以将这些 commit 推送到 GitHub 源代码库中。对于 awesome_feature 分支，可以执行以下命令：

```
$ git push origin awesome_feature
```

这将会把开发者本地的 awesome_feature 分支下的所有 commit 推送到 GitHub 上 Alluxio fork 的 awesome_feature 分支中。

一旦将所有的修改推送到了 fork 中后，访问该 fork 页面时，通常上面会显示最近的修改分支，如果没有，进入你想提交 pull request 的那个分支上，再单击 New Pull Request 按钮。

在新打开的 Open a pull request 页面中，"base fork"应该显示为 Alluxio/alluxio，base branch 应该为 master，head fork 应该为你的 fork，并且"compare branch"应该是你想提交 pull request 的那个分支。

这个 pull request 的标题可以类似于"Awesome Feature"。在实际操作中，请用和你的 request 相关的信息替换掉 Awesome Feature，例如，"Fix format in error message"或 "Improve java doc of method Foo"。

在描述框的第一行，添加一个该任务的链接。完成以上步骤后，单击下方的"Create pull request"按钮。恭喜！你向 Alluxio 提交的第一个 pull request 成功啦！

---

① https://help.github.com/articles/using-pull-requests/。

8.3.8　审阅社区 Pull Request

在开发者的 pull request 成功提交后，可以在 Alluxio 源代码库的 Pull Request 页面①看到它。

在提交后，社区里的其他开发者会审阅你的 Pull Request，并且可能会添加评论或者问题。

在该过程中，某些开发者可能会请求你修改某些部分。要进行修改的话，只需简单地在该 Pull Request 对应的本地分支下进行修改，接着提交本地 commit，然后推送到对应的远程分支，之后这个 Pull Request 就会自动更新了。详细操作步骤如下：

```
$ git add <modified files>
$ git commit -m "<another commit message>"
$ git push origin awesome_feature
```

在该 pull request 中的所有评论和问题都被处理完成后，审查者们会回复一个 LGTM（Look Good To Me）。在至少有两个 LGTM 后，管理员将会将你的 pull request 合并到 Alluxio 源代码中。祝贺！你成功地向 Alluxio 贡献了源代码非常感谢你加入我们的社区！

---

① https://github.com/Alluxio/alluxio/pulls。

反侵权盗版声明

电子工业出版社依法对本作品享有专有出版权。任何未经权利人书面许可，复制、销售或通过信息网络传播本作品的行为；歪曲、篡改、剽窃本作品的行为，均违反《中华人民共和国著作权法》，其行为人应承担相应的民事责任和行政责任，构成犯罪的，将被依法追究刑事责任。

为了维护市场秩序，保护权利人的合法权益，我社将依法查处和打击侵权盗版的单位和个人。欢迎社会各界人士积极举报侵权盗版行为，本社将奖励举报有功人员，并保证举报人的信息不被泄露。

举报电话：（010）88254396；（010）88258888

传　　真：（010）88254397

E-mail： dbqq@phei.com.cn

通信地址：北京市万寿路 173 信箱　电子工业出版社总编办公室

邮　　编：100036